做什么
都能做好

HIGH PERFORMANCE HABITS

[加] 布兰登·伯查德 著
Brendon Burchard

崔楠 译

九州出版社
JIUZHOUPRESS

———　**第三部分　保持成功**　———

优秀这门艺术源自训练和习惯。我们不是因为品德高尚、优秀卓越才会做正确的事，而是做了正确的事才会变得品德高尚、优秀卓越。我们反复做的事造就了我们。这样说来，优秀不是一种行为，而是一种习惯。

——古希腊思想家亚里士多德（Aristotle）

"你为什么怕自己想要更多？"

我和琳恩分别坐在一张巨大橡木桌的两端。她靠在椅背上，盯着窗外看了一会儿。我们在第四十二层，向外看去，视野中是一片晨雾，窗外有一片大海。

这个问题还没问出口，我就知道她一定不喜欢这个问题。

琳恩是一个效率极高的人。她很专注，能把事情处理妥当。她的优势是批判性思考和领导力。五年内她晋升了三次。人们很钦佩她。他们说她事业有成，因为她具备成功所需的能力。

大多数人认为琳恩不会感到"害怕"，但是我知道她很害怕。

她看向我，开始回答我的问题："嗯，我不认为我……"

我身体前倾，摇了摇头。

她没有继续说下去，而是点了点头，捋了捋她已经很柔顺的棕发。她知道自己现在不能再通过编故事来逃避现实了。

"好吧，"琳恩说，"或许你是对的，我不敢进入下一个阶段。"

我追问原因。

"因为我现阶段还朝不保夕呢。"

★

本书主要介绍如何变得优秀，以及有些人无法做到这一点的原因。本书会清楚地说明为什么有人会获得成功、有人会遭遇失败，以及为什么大多数人连试都没去试一下。

作为一名高效能教练，我接触过许多像琳恩一样的人。成功者经过长期努力获得成功，他们拥有毅力和动力，不断鞭策自己前行。然而在之后某个始料未及的时刻，他们陷入了瓶颈，丧失了热情或进入了极度疲劳的状态。在外人看来，他们依然平稳冷静，埋头前行。但在内心深处，这些成功者总感觉自己到处乱撞，迷失在处理重要事项和应对各种危机的洪流中。他们不确定应该重视什么，也不确定该如何自信地再次获得成功或迈向更高的成功阶段。虽然他们在人生中已经获得了不少成功，但他们还是没能找到保持成功的基本行事准则。虽然他们有足够的能力，但大多数人还是整日担惊受怕，害怕落于人后，害怕自己因完全达不到下一阶段成功的要求而遭遇惨痛失败。他们为什么会害怕？为什么会经历这样的痛苦？为什么有人却能冲破这个瓶颈，不断升职、拥有活力与健康、获得长期成功，成为多数人羡慕的对象或被多数人认为可望不可即？

本书综合了一项为期20年的研究、我作为资深高效能教练工作10年的经验、对全球高效能人士进行调查后得来的大量数据、结构化的采访和各类专业的评估工具来阐释这一现象。本书不仅将揭示如何成为成功者，还会介绍如何成为高效能人士——在长时间内幸福感不断增强，健康水平不断提高，同时还能持续获得外在成功的人。

在本书中，我将澄清许多关于"成功"的常见迷思，包括解释为什么在这个需要创造价值、领导他人、排列事务优先级和复杂项目的时代，毅力、意志力、实践以及你的"天生"优势和能力不足以让你步入下一个阶段。如果想获得高效能表现，你要考虑的就不仅仅是个人的热情和努力，也不仅仅是你喜欢什么、愿意做什么或天生擅长做什么了。坦白地说，这是因为这个世界关心的是你能提供哪些服务，能为他人做出哪些有意义的贡献，而不是你的优势和性格。

读完本书之后，当你在工作中开始一个新项目或追求一个大胆的新梦想时，应该不会再疑惑究竟要怎样做才能获得成功。你将拥有一套可靠的习惯。研究表明，这些习惯适用于不同性格，也适用于不同的情况，并能够带来不错的长期效果。你将重新获得能量和自信，因为你知道要把精力集中在什么地方，以提供高效的服务。你会知道在首次成功之后，如何继续发展。你如果经历过必须拿出最佳表现与他人合作或竞争的情况，就会知道到底该如何思考以及做些什么。

但这并不意味着你会或者你需要成为超人。你有缺点，每个人都有缺点。只不过在读完本书之后，你会对自己说："我终于知道一直保持最佳状态的具体方法了。我相信在接下来的人生中我有能力把事情处理好，也完全有能力战胜迈向成功的路上遇到的困难。"你会形成一套标准的思维模式，养成一套经证实有效的习惯，这一定会让你在不同情况下和人生的不同领域中获得长久的成功。作为一名高效能教练，我在工作中见证了这些习惯如何帮助各行各业人士提高了效率——从进入《财富》杂志 50 强的首席执行官到演艺圈人士，从奥运选手到普通的父母，从世界级专家到高中生。如果你想通过经严格验证并有科学依据的方法来提高生活质量，那你已经找到了，答案就在这本书里。

如果你能用接下来将在书中获得的信息武装自己，你就有机会发挥出最大的潜能，心中充满幸福感，带领他人走向优秀，同时也会感到十分满足。如果你能全心全意地严格执行高效能习惯，你的人生和事业都会进入重要的转型期。你将变得更加优秀。

为什么写这本书，为什么现在写

我很幸运，有机会为全世界数百万人就个人发展和职业发展提供培训。我发现，现在全球各地的人们都产生了一种很明显的情绪：我们非常不确定如何获得成功，非常不确定哪个决定对自己、家人和事业才是正确的。人们想要进步，但是感到疲惫不堪。他们非常努力地工作，但就是没有任何突破。他们非常执着，但往往不知道自己到底想要什么。他们渴望追求自己的梦想，却担心如果真的这样做了，别人会认为他们不自量力，同时他们也担心自己会失败。

除此之外，我们生活和工作中那些雷打不动的任务、自我怀疑、不得不承担的义务、大量的选择和责任都足以让人疲惫不堪。许多人认为一切都不会变好，他们会永远深陷在郁闷和失望的苦海中。如果你觉得这听起来很极端，那我告诉你，事实的确如此。人们希望做出改变也准备好做出改变，但是由于没有方向，缺乏好习惯，他们很可能会陷入无趣、混乱、令人不满的生活中。

当然，很多人都过着幸福、美满的生活，但幸福生活的持久性是个问题。他们可能觉得自己能力很强 —— 有时候甚至会觉得自己已经做出了"最佳表现" —— 但他们也有能力不足的时候。因此，人们受够了最佳表现的起伏波动。他们想知道如何促进并维持发展和成功。他们需要的不是保持良好状态和好心情的新技巧，而是全面提高生活质量和发展事业的真正技能和方法。

这个要求可不简单。虽然人人都说想要各方面全面发展，但很多人都像琳恩一样，非常担心追求梦想会给他们的人生带来间接伤害 —— 关系破裂、资金链断裂、社会嘲讽和巨大压力。或许在某一时刻，我们每个人都会担心这些问题，但其实你早就知道该怎么做了，不是吗？只是有时候你限制了自己对未来的愿景，因为你已经非常忙碌了，并承担着很大的精神和经济压力。

这不是因为你没有能力表现得更好。你知道，在工作中的某些时候，自己在某个项目中表现完美，可是在另一个类似的项目中却表现不佳。你知道在某个场合自己备受关注，可是在其他场合却默默无闻。你知道该如何激励自己，但有时在一天结束之际，你发现自己除了追完三季剧以外什么都没做，这时你就会对自己产生厌恶。

也许你也发现了别人进步比你快的事实。也许你看到同事娴熟地完成了一个又一个项目，而且无论什么难题都会迎刃而解。好像无论在什么情况下，无论身处哪个团队、哪家公司、哪个行业，他们都会游刃有余地获得成功。

他们是谁？他们成功的秘诀是什么？他们是高效能人士，他们成功的秘诀就在于他们的习惯。好消息是，你也能成为他们中的一员。无论你的出身如何，性格如何，有哪些弱点，在哪个领域努力，你都能养成同样的习惯来获得成功。只要经过正确的训练，养成良好的习惯，任何人都能成为高效能人士。我能证明这一点。因此，我为你写了这本书。

成功的标准在发展变化

许多人认为自己拥有的平凡生活和自己期望获得的美好生活之间存在差距。或许在 50 年前，不管是游历世界还是获得成功要比现在容易。那时，成功的标准比现在明确："努力工作。按规矩办事。把头低下。别问太多问题。跟着领导走。花时间掌握能让你饭碗稳定的技能。"

20 年前，标准开始发生改变。"努力工作。打破规矩。抬起头来——乐观的人才能赢。询问专家的意见。你是领导。赶快想办法解决问题。"

　　现在，对许多人来说，标准遥远、模糊，他们甚至不知道具体是什么。过去，我们的工作是可以预测的，周围人对我们的期望也是"固定的"。但这样的时代一去不复返了。变化日新月异。现在，所有事情都乱成一团。你的老板、配偶或客户总是想立刻得到新鲜的东西。以前的工作简单，可以独立完成，现在可不是这样了。如果你的工作很简单，那你很快就会被计算机或机器人取代。现在一切事物都紧密相连，一件事出了差错，就会搞砸所有。因此，人们的压力越来越大。错误不再是个人的事，而是公开的、全球性的问题。

　　这是一个新的世界。稳定因素越来越少，但人们的预期却越来越高。我们不再高呼努力工作，遵守规则，昂起头或低下头。我们有一个不成文却为大家广泛接受的规则："假装不努力工作，发内容悠闲的帖子和早餐的照片，你的朋友看到后就会羡慕你。但实际上你要努力工作。别等着别人吩咐你，因为不存在任何规则。努力保持清醒，因为当今的世界非常嘈杂。提出问题，但别指望有人知道答案。没有领导者，因为我们都是领导者，你只需要找到你现在的位置，然后创造价值。你永远也搞不清楚任何事 —— 只要不断适应它们就行，因为明天一切又会发生改变。"

　　这不禁会让人不安。在混乱中前行就像是在 3 米深的浑水中游泳一样。你看不清自己在往哪里走。你不停摆动身体，但是毫无进展。你在寻求帮助，一个河岸也好，一条救生索也罢，什么都行。但你呼吸不到空气，也看不到任何阶梯。你有不错的计划和强大的职业道德，但毫无用武之地。有人依赖你做出决定，但是你也不确定该往哪个方向走。

　　你就算没有被淹没的感觉，也可能会觉得自己进入了停滞阶段。又或者觉得自己在下沉，产生了一种要被甩在后面的感觉。没错，你的确凭着一腔热情、勇气和努力获得了成功。你翻越了一座座山岭。

但接下来的问题让你不知所措：现在该往哪儿走？如何获得更大的成功？为什么别人升职比我快？如果可以，我什么时候才能放松一下，在这里扎根？工作难道永远都这么辛苦吗？我真的过上了最好的生活吗？

你需要一套可靠的练习来最大限度地释放你的潜能。通过对高效能人士的研究，你会发现他们自有一套日常体系，能引领他们走向成功。是否拥有这套体系，是区分专家和新手、科学和空谈的关键。没有这套体系，你就无法检验假说、追踪进程或不断获得杰出成果。在个人和职业发展进程中，这些体系和过程最终会成为习惯。但是哪些习惯真正见效了呢？

无效习惯

当我们试着解决今天的难题时，我们会得到哪些建议？我们会听到已经听了数百遍的话，可能还带有一丝愉悦的语气：

- 努力工作
- 充满热情
- 重视优势
- 勤加练习
- 坚持下去
- 充满感恩

这些无疑是常见、积极、有用的建议。这些建议是通用的，也是经典的。遵循这些准则肯定不会出错。它们还可以成为非常不错的毕业典礼演讲提纲。

但是这些建议合理吗？

你是否认识拥有以上全部特质并十分努力，但还是离他们想要获得的成功很遥远的人？

在社会底层，有数十亿在努力工作的人，这难道不是事实吗？你周围难道没有几个充满热情但<u>业绩平平</u>的人吗？你难道没遇到过知道自己的优势在哪里，但还是不能清楚地表达自我，在新项目开始时还是不知道该做什么，而且一直被没什么优势的人超越的人吗？

或许这些人应该再多下点儿功夫练习，不是吗？他们是不是应该练够一万小时？但即使勤加练习，他们也会失败。或许是他们态度不端正？他们是不是应该更感恩、再用心一点？然而有很多人都在满怀感恩地坚持做没有希望的工作，坚守没有未来的感情。

到底什么方法才有用？

寻找更好的方法

我也曾是他们中的一员。年轻的时候，我也曾陷入困境。19岁时，我和初恋女友分手了，那时的我十分绝望，甚至产生了自杀倾向。那是我人生中的一段至暗时刻。讽刺的是，当时帮我走出情伤的是一场车祸。汽车冲出高速公路的时候，是我朋友在开车，时速137千米。车祸后，我们两个人浑身是血、惊恐万分，但万幸的是，我们都还活着。这场车祸改变了我的人生，让我有了活下去的动力，我称之为"死亡动力"。

在我之前的书中，我介绍过这场车祸的具体经过，这里就不再赘述了。这场车祸让我明白，生命是无价的。当你有了重新来过的机会——每个清晨、每次决定都可以成为第二次机会——先花时间想想你到底是谁，你到底想要什么。我意识到我不想死；我想活下去。没错，我的心碎了，但我还想再去爱人。我觉得上天给了我第二次机会，所以我想让人生有价值，我想做出些成绩。"去活，去爱，去产生价值"成了我的信念。那时，我就下定决心要做出改变，决定寻找答案，过上充满能量、和他人联系更加紧密、能做出更多贡献的生活。

你能想到的事我都做了：我阅读了所有关于自助的书。我参加了心理课程。我听了许多意在提供激励的广播节目。我参加了个人发展研讨会，我尝试了他们推荐的所有方法：我努力工作，充满热情，重视优势，勤加练习，坚持不懈。在这个过程中，我一直充满感恩之心。

你猜怎么样？这些方法起作用了。

这些建议改变了我的人生。那几年，我找到了一份不错的工作，有了一个很棒的女友，结交了一群好朋友，还买了房子。我要感恩的事太多了。

后来，虽然我依然按着这些基本的积极建议生活，但我的人生却陷入了瓶颈。有六七年的时间，我的人生都没有发生太多变化。我很烦恼。我一直很努力，充满热情，对一切都心怀感恩，但我的人生却没有因此改变，没有获得成功，这让我感到难过。这也很消耗人的热情：我时而超越他人，但常常感到疲惫；我勇气十足，工资足以糊口，但没有感受到任何回报；我充满积极性，但没有发掘出自己真正的动力；我和他人交往，但没有用心交流；我创造了价值，但没有任何进展。我们并不想要这样的生活。

我慢慢意识到，自己还是获得了一点儿成功的，虽然我不知道为什么。我不像自己想象中那么自律，我远没达到最高水平，也没有做出我期待自己做出的贡献。我需要一份严格的计划表来告诉我每天需要完成哪些任务，在新的环境中该做什么，这样我才能快速学习，做出更大的贡献，当然，也才能更好地享受人生。

我意识到过去的成功秘诀——努力工作、充满热情、重视优势、勤加练习、坚持下去、充满感恩——过度关注个人发展和初步成功，这就是它的问题所在。这些建议会让你入行并获得一席驻足之地。但在首次成功之后，下一步该怎么办？当你取得了一些成绩，得到了梦寐以求的工作或迈出了实现梦想的第一步，有了一些专业经验，存了一笔钱，坠入爱河，有了少许建树之后，下一步该做什么？如果你想成为业内顶尖，想领导他人，想带来更持久更广泛的影响，你该怎么做？你如何为迈向下一步成功树立信心？怎样才能愉悦地保持长期成功？如何激励他人，让他人也能够获得成功？

　　回答这些问题成了我的个人爱好，并最终成了我的职业。

高效能课堂

　　过去 20 年，我一直在寻找以下 3 个根本问题的答案。这本书是对过去研究的总结。

　　1. 为什么有些个人和团体的成功速度要比别人和其他团体更快？为什么他们能一直保持成功？

　　2. 在获得成功的人中，为什么有人在过程中很痛苦，而有人却很快乐？

　　3. 是什么促使人们追求进一步的成功？哪些习惯、训练以及支持能让他们进步得更快？

　　在工作以及思考这些问题——也就是高效能研究的过程中，我采访了世界上许多最成功、最幸福的人，也对他们进行了指导和培训。从公司高管到艺人，从企业家到奥普拉和亚瑟小子等知名人士，从做父母的到各领域内的专家，再到全球范围内 195 个国家的 1600 万学生，我的学员遍及各行各业。很多人都参加过我的网上课程，或是看过我的系列视频。

　　其间，我参加过气氛紧张的董事会议，去过超级碗的更衣室，上过奥运会的赛道，和亿万富翁一起坐过他们的私人飞机，参加过全球各地大大小小的晚宴。我在这些地方和我的学员、研究参与者以及不同的人谈话。他们都在努力工作，希望能提高生活质量。

　　这项工作帮我打造了全球最受欢迎的高效能网课之一，创造出订阅者最多的高效能电子刊，收集了关于高效能人士对其个人特点进行报告的海量数据。高效能研究院（High Performance Institute）也因此建成。我和高效能研究院的学者团队共同研究高效能人士如何思考、如何行动、如何影响他人以及如何获得成功。我们设计出全球第一份受认证的高效能评估表，以及该领域第一个专业资格证书项目——高效能教练资格证。目前，我们培训、指导和管理的高效能人士比全球其他机构都多。我个人每年认证的高级高效能教练就有 200 多人。

我把在这一过程中获得的经验都写进了这本书。这项研究不仅包括我 20 年的个人发展和自我试验，还包括在干预、指导上千位学员的过程中获得的数据，对数千位现场研讨会参与者活动前后状态的详细评估，对数百位不同行业内的精英进行的结构性访谈，从学术文献综述中得到的参考资料，以及来自学员和点击量超过 1 亿的在线免费培训视频下的许多评论。

根据大量数据和过去 20 年的经验，我发现了在个人和职业发展领域都得到验证的几个习惯。以下是我的几点发现：

如果能养成正确的习惯，每个人都能凭借努力在任何领域取得优异成绩，成为高效能人士。

高效能表现与年龄、教育背景、收入、人种、国籍或性别没有多大关系。也就是说，我们用来解释失败的多数借口都不成立。并不是只有特定的某些人群才能实现高效能，事实上，通过特定的策略，人人都能实现高效能，我将这些策略称为高效能习惯。这些习惯的养成和一个人的经历、优势、性格或职位无关，每个人都能做到。迟迟没有新突破的人们，可以利用这本书焕发新生，获得成功，发挥出最大潜能。已经获得成功的人们可以利用本书迈向下一个阶段。

要区别对待不同习惯。

事实上，在生活和职业生涯中，如果想要发挥最大潜能，就要区分坏习惯、好习惯、更好的习惯和最佳习惯。最先实践什么策略，以及如何通过安排这些实践来养成有效习惯至关重要。我的团队中的研究人员有一项特殊的工作：我们会对习惯进行解码，也就是找到最重要的习惯以及强化、延续重要习惯的实践方式。诚然，你可以写感恩日记，让自己变得更快乐，但这是否能给予你足够的动力，让你在人生各个领域取得真正的进步？或者，你可以重新安排早晨的时间表，但这是否足以提升你的整体表现和幸福感？（对了，答案都是否定的。）那么我们应该把关注点放在哪儿？我们发现，有意识地坚持6个习惯，有利于你在人生中多个领域实现高效能。同时，我们也发现，获得成功和享受人生的习惯有所不同。这两个方面我都会介绍。

你的问题不是如何获得成功，而是如何保持一致。

如果你正在读这段文字，那么对你来说，获得成功或许不是问题。因为你已经知道如何设定目标、制作清单、完成待办事项了。你希望在所在领域中超越他人，但你也在承受一定的压力和烦恼。当然，你会排解压力，但你也会了解每个成功人士都会发现的一件事：你很优秀，所以人人都想把责任推给你，但你不能听任他们这样做。能做到的事并不一定是重要的。你能做到的事有很多。因此，核心问题应该从"我如何能完成更多"转变为"我想过什么样的生活"。这本书为你提供了一个逃跑计划，帮你逃离对外在成功既痛苦又单调的追求，让你不再为完成任务而完成任务。你需要让思想和行为保持一致，这样才能在努力的同时获得成长、健康和满足感。

稳定是发展和高效能的天敌。

在充满不确定因素的世界上，很多人想要寻求稳定。但稳定是愚蠢者才会产生的梦想，它也因此成了许多骗子吸引人的手段。稳定会蒙蔽你的双眼，给你设限，让你靠习惯行动。你的对手会通过你的习惯预料到你消极的思维模式和弱点，从而超越你。追求稳定的人是最不愿意接受新知识、最容易受教条主义影响的人，也是最容易被创新者超越和替代的人。你会发现，高效能人士不再追求曾经渴望的稳定，而是充满好奇心，保有真正的自信心。

科技手段不是救星。

人们一直在说，在未来世界，会有许多新设备让我们变得更聪明、更快、更好。这个愿景十分诱人，但很多人已经开始意识到，这种说法是在夸大其词。机器不可能代替人类智慧。你的确能拥有世界上的全部科技，投身"量化自我"运动。在其中，你走的每一步、睡觉时度过的每一秒、每次心脏跳动、每天的各项活动都会被记录、评分并游戏化。但多数人就算建立起了这种联系，对个人生活进行了记录，却依然感到孤独并麻烦不断。很多人安装了能找到的所有手机应用，查看着所有的数据统计，但依然没有找到真正的抱负和自我。人们因科技改变生活而感到兴奋，但事实上，遵循简单的高效能习惯，比盲目依靠科技的做法更胜一筹。

高效能表现是什么

在本书中，高效能表现指的是让你获得超额、持久、长期成功的表现。

虽然任何需要努力的领域都有自己对成功的定义，高效能人士 —— 无论是个人、团队、公司还是一种文化 —— 都有较好的长期表现，但高效能指的不仅仅是永无止境的进步。单纯的进步并不总会带来高效能表现。虽然很多人都在进步，但他们并没有获得成功 —— 他们的进步速度缓慢，其他人也都如此。大多数人都有进步，但都没能给自己的生活带来任何实质性的影响。高效能人士会打破常规，他们总是能超出标准预期，获得更好的结果。

高效能表现和单一的技能发展有极大的不同。实现高效能的目的不是学会一项新技能或一门新语言，也不是成为国际象棋大师、世界一流的钢琴家或首席执行官。任何领域内的高效能人士都不是只擅长一类任务或精通一种技能的人，他们会培养相关能力，完善某一项专业技能。他们不是只能获得一时的成功。他们拥有多项技能，能帮助他们获得长期的成功，同时也能对他人起领导作用。通过培养更多的习惯，他们在生活中的多个领域里都能做到出类拔萃。获得美国职业橄榄球大联盟年度冠军的四分卫不仅需要知道如何投掷橄榄球，还必须有强大的心理素质，做到营养均衡，保持自律，能领导团队，能发挥优势，坚持进行训练，擅长合同谈判和懂得营销品牌，等等。能在工作中实现高效能的人也一定能在与职业相关的众多领域中获得成功。

在我们对高效能表现的定义中，"持久"（consistently）和"长期"（over the long term）两个词的并存似乎显得冗余。但事实上，这两个词有不同的含义。高效能人士不会在 10 年努力的最后关头才获得成功。他们不会通过冲刺到达成功的终点线，而会稳步获得成功。他们的表现经常超出人们的预期。他们能坚持努力，而他们的很多同伴做不到这一点。因此，当他们获得成功后，你会发现他们的成功并非意料之外的事。

你将在本书中了解到，"获得超额、持久、长期成功"需要养成保持健康、维护积极关系和确保在进步的同时服务他人的习惯。如果你把自己局限在某个领域内，就无法打破常规。高效能人士能获得持久成功的原因，主要是他们对待生活的积极方式。他们不但要在职业生涯或某个兴趣点上有所成就，而且要创造高效能人生，不断感受到成为最好的自己所带来的参与感、快乐和自信。

正是因此，高效能表现没有局限于"重视优势"和"一万小时法则"等流行概念。许多人的个人能力强大，但在追求成功的同时损害了健康，因此无法保持高效。许多人过度工作，伤害了支持他们持续发展的人际关系。他们推开了帮助他们进步的教练；他们毁掉了一段感情，情绪受到影响，无心奋斗；他们使得失望的投资人立刻撤资，于是他们很难继续发展。

我希望你能获得成功并拥有健康的人生，保持积极，拥有健康的人际关系。

根据我的定义和数据，高效能表现不是不惜一切代价去追求成功，而是养成好习惯，在各领域内超越他人，丰富你的人生。

企业也需要高效能表现。如今，世界上的各大企业想要保持前列，比以往任何时候都难。许多企业高管在整改懒散、低效的企业文化。他们渴望设定大胆的愿景，更严格地要求员工，但他们意识到，员工已经极度劳累了。因此，管理者一定会爱上这本书：他们会惊奇地发现，自己的企业能通过这种方法健康发展、保持高效。事实上，企业健康发展是保持高效的前提。本书中提到的习惯不但适用于个人，也适用于团队。

想要推动企业迈向卓越的成功者和领导者要相信自己能够理智、快速、自信地迈向下一阶段的成功。确实存在更好的生活和领导方式，而且这些方式并不神秘。本书中提到的高效能习惯都是精准、可操作、可重复、可衡量、可持续的。

关于高效能人士的一些事实

我们对获得超额、持久、长期成功的高效能人士了解多少？

高效能人士比司伴更成功，但压力更小。

"更大的成功会让我们默默忍受更大的压力和焦虑"是错误的观念（只要我们有正确的生活习惯就行）。大多数人只能通过咄咄逼人的态度或过量的工作来得以生存或获得经验成就，但你可以过上不一样的美好生活。高效能人士并非没有压力——他们当然有压力——只是他们能更好地应对压力，适应性更强，很少因为疲劳、分神和压力过大而出现严重的表现失常。

高效能人士热爱挑战。他们更自信，相信无论遇到什么困难都会实现目标。

很多人会逃避人生中遇到的各种困难。他们担心自己应付不了，害怕被人品头论足或遭遇拒绝。但高效能人士不一样。高效能人士也会产生自我怀疑，但他们期待尝试新鲜事物，相信自己能够解决问题。他们不会逃避困难，因此他们不断进步，同时也激励了身边的人。

高效能人士比其他人更健康。

高效能人士的饮食更健康，锻炼身体的时间更长。位居人群前5%的高效能人士每周运动3次的概率比其他人高40%。每个人都想保持健康，但有人可能会认为，如果想获得成功，就要以付出健康为代价。这种想法是错误的。通过不断地调查，我们发现高效能人士在精神、情绪和体能方面都比同伴更具活力。

高效能人士很幸福。

人人都想获得幸福，但很多成功者并不幸福。他们获得了很多成就，却没有感到满足。但高效能人士不会遇到这种问题。哪怕只坚持6种高效能习惯之一，你也会提升人生的整体幸福感。如果能坚持全部6个习惯，你不但会迈向卓越，还会更加幸福——这一点是经过数据证实的。你也可以拥有高效能人士拥有的积极情绪，包括参与感、快乐和自信。

高效能人士受到尊敬。

虽然高效能人士比同伴优秀，但他们的同伴还是很敬仰他们。这是为什么？因为高效能人士不会表现得自负。他们掌握了影响他人的艺术，在对他人产生影响的同时会让对方感觉自己受到了尊重、重视和欣赏——他们也可能因此成为高效能人士。

高效能人士的成绩更好，能获得更高的成就。

有数据表明，高效能表现和平均学分绩点（GPA）存在关联。在一项研究中，我们调查了200名在校体育生，发现其高效能指标分数越高，GPA 分数就越高。高效能指标是衡量高效能潜力的工具。高效能人士成为首席执行官等企业高管的可能性也更大。这是为什么？因为好习惯有助于他们领导他人，并不断获得晋升。

无论传统回报如何，高效能人士始终对工作充满热情。

高效能表现和报酬无关。也就是说，你的收入不会影响你高效能表现的可能性或高效能表现的能力。高效能人士努力工作不是为了赚钱，而是因为有需求。稍后我们会介绍这一点。他们努力工作不是为了得到奖励、获得荣誉或奖金，而是因为做这件事对他们有意义。正是因此，在调查中，高效能人士总是透露，无论收入多少，他们都觉得获得了很好的回报。他们很少认为自己的工作"费力不讨好"或是其他人不理解他们的努力。这并不是因为他们的工作很独特，也不是因为他们总能做自己理想的工作，而是因为他们在面对工作时目的性更强。因此，他们更有参与感，更能胜任工作，也更满足。

高效能人士（会出于正确的原因）表现出果敢、坚定的态度。

高效能人士会通过实践展示自我，而不是意在"征服他人"或与人竞争。他们态度果敢，是因为他们养成了勇敢的习惯，敢于表达新观点，参与复杂的对话，展示真实想法和理想，捍卫自己的权利。数据显示，高效能人士也常肯为他人发声，支持他人的看法。也就是说，他们很适合成为坦率、包容的领导。

高效能人士不会让自己局限于个人优势。

一种错误观点认为，我们应该关注先天的"优势"。但是过度自省的时代早就过去了。我们必须看到先天优势之外的东西，不断发展它们，以获得成长，服务与领导他人。高效能人士明白这一点。他们更多地关注"提供需要的服务"，而非"发现自己的优势"——他们寻找需要解决的问题，成长为能解决问题的人。他们很少问"我是谁，擅长做什么"，他们经常问的是"这里需要什么服务，我如何能成长为提供这种服务的人或如何领导他人提供这种服务"。高效能人士不像其他人那样关注自己的优势，因此重视优势不是他们的成功法宝。

高效能人士的生产效率非常高 —— 他们的成果高产、优质。

无论在哪个领域，高效能人士都能创造出对这个领域十分重要的优质成果。这并不是因为他们完成了很多工作；他们的很多同伴或许能完成更多任务。高效能人士的高产体现在他们完成了他们最感兴趣的领域中更多最有价值的事情。他们一直牢记，主要任务是始终把最重要的事摆在第一位。他们致力于创造有意义、能帮助他们超越他人的独特成果。

高效能人士是适应型、服务型领导者。

我对高效能表现的研究和对"世界一流专家"概念的炒作的区别在于，我并不会推崇某一个专家或个体。高效能人士不是在真空中思考、生存或实践的人。他们在影响他人，给身边的人创造价值，而不是在试图赢得拼写或是象棋大赛。他们往往是能够适应充满挑战的环境，引导他人走向成功、做出贡献的领导者。因此，高效能人士有能力在接二连三的项目中不断获得成功。看起来，无论把他们放在任何环境下，任何团队、企业和产业中，他们都会成功 —— 这不是因为他们是天才或独狼，而是因为他们能够对其他人产生积极影响，让其他人得到发展。高效能人士不仅仅培养技能，他们还会培养人才。

我知道，阅读上述内容会让人觉得高效能人士是永远不会犯错的明星员工，但事实并非如此。上述内容只是对高效能人士的一些概括，当然，个体之间也存在差异和变化。例如，有些高效能人士虽然更高产，但是健康状况却不如他人；有些高效能人士虽然幸福健康，但是并未受到他人的景仰。换言之，上述内容并不完全适用于所有高效能人士。但是，随着时间的推移，本书中详细阐述的高效能人士的好习惯给他们带来了上述好处中的许多，让他们过上了美满的生活。

如果你觉得上述内容与你的特征不符，你也不必担心 —— 高效能人士并非生来如此。我对 100 多万人进行了高效能培训，发现在这个领域内并不存在超人。高效能人士和你我没有本质上的区别，他们没有特殊天赋、突出特长、强大基因或固定的性格特征。高效能不是天生的能力，而是通过刻意培养具体习惯形成的。你只要养成这些习惯，就可以在你选择的任何领域实现高效能。我们能对此进行测量和证实。

高效能习惯

我的研究和训练方法主要是养成能带来竞争优势的习惯，把普通人培养成高效能人士。高效能人士需要具备获得和持续成功的 6 个最重要的习惯 —— 有些是刻意养成的，有些是在完成必要任务的过程中无意养成的。

我们把这 6 个习惯称为"HP6"。它们分别与目标、能量、需求、产能、影响力和勇气有关。这 6 个习惯能反映出高效能人士在从一个目标到另一个目标，从一个项目到另一个项目，从一个团队到另一个团队，从与一个人到与另一个交往的过程中一直在做的事。你可以养成每个习惯，对其进行改进，并将其应用在生活的各个领域。你还可以从今天开始利用这 6 个习惯，让它们帮你成为更好的人。在接下来的几章中，我们会分别介绍这 6 个习惯，告诉你如何通过练习养成好习惯。

在开始介绍 HP6 之前，我们先来谈谈习惯这个概念。通常，人们认为习惯是经年累月养成的，是自然而然形成的。不断重复一个易于记忆的简单行为并获得奖励，你就会养成一个习惯，这个习惯很快就会成为你的第二天性。例如，系鞋带、开车、打字等行为多重复几次，你就会做得很顺手。你现在做这些事时不用过脑子，因为你重复了很多次，这些事成了你自然的日常。

但是，本书要介绍的不是这种习惯。我没兴趣教你这些几乎不用动脑子就可以完成的简单的日常行为。我希望你在执行重大任务、努力攀登高峰、领导他人行动时能保持清醒，因为对提升表现最有帮助的习惯往往都是有意识养成的。它们不会随着时间流逝自然而然地形成，也不会变得容易，因为当你追求更高的成功时，这个世界会变得更加复杂。因此，在攀登高峰时，你需要留意脚下。

也就是说，你在本书里学到的习惯都是刻意习惯。你必须有意识地选择并努力养成这些习惯，通过不断重复来强化你的特质，提高成功的概率。

刻意习惯往往来之不易。你必须保持专注，不断重复，特别是在不断发生改变的环境中。每当你陷入困境，开始一个新项目，衡量自己的成就，试图领导他人时，你必须有意识地想一想高效能习惯。你要把习惯当作一个清单，就像飞行员用的飞行前检查单一样。

我认为这是一件好事。我不希望我的客户在毫无意识、被动或被迫的情况下前进。我希望他们知道怎样做才能成功，然后全心全意、有目的性地去做事。只有这样，他们才是命运的主人，而不是冲动的奴隶。我希望你能掌握大局，清楚自己在做什么，这样一来，你就能表现得越来越好，同时也能帮他人更进一步。

养成接下来要介绍的高效能习惯会花很长时间，但是一定不要退缩、逃避、放弃努力。

当你敲响机遇之门时，如果是工作来开门，千万不要惊讶。

有人会说，如果我介绍的是一些简单的习惯，或许我能多卖出几本书。但如果要提高生活质量，那你需要的不是轻松简单，而是成长。尽管坚持HP6需要持续的注意力和努力，但是数据表明，这6个习惯会给你的人生带来很大的改变。如果我们的目标是高效能表现，那么在接下来的人生中，我们要做的就是在各个领域应用和发展这6个习惯。

正如运动员从来不会停止训练，高效能人士也永远不会停止有意识地训练和强化习惯。

做自然、固定、方便或习惯的事情不会带来真正的成功——全面、长期的成功。通常，当需要挑战和努力才能实现的伟大目标战胜了对安逸和稳定的偏爱时，你就踏上了朝伟大前进的征程。

你现有的技能和能力或许不足以让你迈向成功的下一个阶段，所以如果你认为你不需要补短板、发展新长处、尝试新习惯、打破你眼中自身的限制因素或优势，那就太荒谬了。这也是我不会让你继续做你已经觉得很简单的事的原因。

我们先说好：接下来你要做很多事。

获得批准

除了缺乏习惯，还有哪些原因阻碍人们迈向成功？我发现，很多人认为自己不够格或没准备好进入下一阶段。他们质疑自己的价值，或期待在得到外部认可——升职、证书、奖励——之后才会开始接受更大的任务。当然，这是错误的。你和其他人一样，都值得获得非凡的成功。你的生活不需要任何人的批准。你需要的只是一个计划。我向你保证，这个计划就在本书中。

有时候，人们没有追求更大的成功，是因为他们身边总有人说："你为什么就不能安于现状呢？"说这种话的人不了解高效能人士。你可以在满足现状的同时仍然希望谋求发展，做出贡献。所以，永远不要让任何人挫伤你追求更好生活的积极性。不要因为任何原因而轻视自己或自己的梦想。想得到更多是没错的。不要被自己的新梦想吓到。你要知道的是如何比上次更专注、更优雅、更能令人满足地达成目标。你需要按本书中介绍的方式行动。

本书的下一章会详细介绍 6 个高效能习惯——HP6，并介绍分辨这 6 个习惯的方法。了解研究背后的科学根据，有助于理解这个方法内部的细微差别和作用。接下来，我们会分章节介绍 HP6。每一章会介绍一个习惯，并教给你三个养成习惯的全新练习。最后，我会提醒你，有哪些让你陷入瓶颈或遭遇失败的陷阱，并告诉你为保持进步，你要做的最重要的事是什么。

作为你的导师，我会激发你进行全新的思考，在介绍习惯的过程中对你发起挑战，帮助你清楚地认识到什么才是真正重要的事。有时候，我会过度热情，请原谅我。因为过去 10 年里，我一直在研究高效能人士，所以我知道你如果坚持下来，会得到惊人的收获。不同于视频博主或学术界人士，我只有在取得显著成果时才会获得收益，目前，我已经为来自全球各地、各个领域的个人和团队做过指导。我能预料到你会有哪些收获，因此当我写下这句话时，我非常开心。我一次又一次地看到我的学员有所收获，数据也证实了这些方法是行之有效的，因此我对分享这些想法抱有巨大的热情。所以你一定要谅解我时不时表现出的过度热情。我对这本书确实充满热情。如果你能接受我的热情，那么或许你也能接受我问你一些尖锐的问题，接受我给出的建议，完成无趣的或是会让你有些不舒服的任务。如果我坐在你旁边，我会征询你的意见来促进你发展，向你提起挑战，要求你使出浑身解数。既然你选择了这本书，那么我相信你已经做好准备了。

我还要告诉你，在接下来的几章中你不会看到哪些内容。我会尽最大的努力让这本书里的内容尽可能实用。书中会介绍大量帮你提高生活质量的策略，书中关于陌生人的故事和你或许根本不会在意的学术细节比较少。本书不是关于人类心理学或成功学的概述，我只是想把 20 年的研究成果浓缩成一幅实用的路线图。完成这本书所需的工作量很大，因此书中难免会有概括性的表述和开放式的问题——我已经尽最大努力去解决这些问题了。

把这本书浓缩成实用习惯并非易事。第一份书稿总共 1498 页，我不得不做出艰难的抉择，删掉一些内容。在做这个决定的时候，我参考了我前面提到的，同时也是许多高效能人士给我的一则建议：

要想获得成功，必须牢记你的主要任务是始终把最重要的事摆在第一位。

本书的"主要任务"是教你养成迈向卓越的习惯。它会帮你理解这些习惯的概念，自信地进行实践。

因此，我删去了有趣的、激发思考的部分——对历史人物或当代领导者的介绍和实验室里有趣的故事——因为这些内容更适合放在我的博客或播客中。做出这样的删减后，我的书更像一本用户手册，而非个案研究集或学术笔记。我会在书中分享一些和高效能人士共事的片段以及我们的大量研究发现，但本书的主要内容还是，如果你想迈入下一阶段的成功，你应该做些什么。如果你想了解更多相关人士的故事或个案研究，你可以登录 Brendon.com 搜索我的博客或播客。如果你想了解学术性更强的方法，更深入地了解我们的方法论，你可以访问 HighPerformanceInstitute.com。

在写作本书时，我会尽可能让这本书实用而不过时。这样，无论你什么时候翻看这本书，书中的指导都是正确、严谨的。我们的学员经常会问，作为公众人物，我是如何应用这些习惯的，因此，我会分享一些个人经验。这些经验也是我从高效能人士身上学到的。既然提升效能的关键是 HP6，那么我就不会花时间介绍高效能人士的饮食、童年、最喜欢的书、每个早晨要做的事或最喜欢的手机应用——这些内容都是可变的，而且我们发现，它们和高效能没多大关系。所以我就把这类有关生活方式的讨论留给播客和记者，因为他们总会问出色的人有趣的问题。这本书的不同之处在于，它是关于表现，而非性格或诡计的。这本书不会泛泛而谈，而是会详解经过验证的策略。这本书是关于你的。它是关于如何思考，以及你需要刻意养成的习惯的。现在，我们开始吧。

现在该做什么

我知道你很忙。你今天有很多事要做。或许我勾起了你的好奇心，你现在很想改变你的人生。但是我也知道，你不会马上把兴趣付诸行动。所以我建议你现在做两件事来完成今天要做的突破。

1. 在 HighPerformanceIndicator.com 上完成测试

这项测试是免费的，只需 5 ~ 7 分钟就能做完。你会得到和高效能表现相关的 6 个领域内的分数。你会知道自己在哪些方面做得不好，在哪些方面做得不错。这项测试会帮你预测，如果按照当前的形势发展，你是否会实现长期目标或理想。测试完毕后，你会看到分数。我们希望你把测试链接或测试结果分享给你的同伴或团队。你可以和其他人对比分数，但之后务必继续阅读本书，了解变得更优秀的方法。

2. 今天读完下面两章

没错，今天。现在。读两章不会占用你太多时间。如果你打开书开始阅读下面两章，你就会知道，无论你做什么事，能为你获得长期成功带来巨大改变的因素是什么。你会学到提升自我的有效方法，知道获得持久成功的关键是什么。

你也可以拥有高效能表现。美好的人生正在等着你。你需要做的就是翻到下一页。

追求高效能

不要总想着超越你的前辈或后辈。你要试着超越自己。

——美国作家威廉·福克纳（William Faulkner）

一封邮件改变了我的人生。

布伦登：

MBTI 的测试结果显示我是一名 INTJ。[1] 当然，光凭这一点你肯定不了解我，也无法知道我能否获得成功。至少你现在不会知道。未来几年也不会。

克利夫顿优势识别器显示，我最强的两项能力是"开发者"和"成功者"。当然，从这一点，你也看不出我是否有能力完成任务或取得任何具体成就。

我在科尔比指数测试中得到了最高分，结果显示我做事时上手很快。但这没什么用，因为随着时间的推移，我必须面对现实生活，强化我的弱势方面，如"事实发现者""跟进者"和"实施者"。

比起绿色，我更喜欢蓝色。

我更像是一头狮子，而非一只黑猩猩。

我很勇敢，但是往往很懒惰。我更喜欢圆形，而非方形。我的饮食结构是地中海型的，但我爱吃汉堡。我喜欢在人群中待一会儿，但是我更愿意独自一人，泡一壶茶，读一本厚厚的书。我

---

[1] MBTI 全称为"迈尔斯-布里格斯类型指标"，以瑞士心理学家荣格划分的 8 种类型为基础。——编者注

每周去一次全食超市，但是大多数时候，我会在一家廉价的墨西哥餐馆吃午饭。

我说的这些事都不能让你了解我的能力、成功的概率或是未来的表现。

所以，我拜托你不要再试图把我划分为某一类人，或认为我的能力或背景会给我带来优势。无论以什么方式，给人贴标签的行为都让人讨厌。我听你说这些评估是为了探索和了解自我，而不是给自己贴标签或是管理自己。

但是你看，我们已经知道我的"优势"在哪里，可这些优势依然没有帮我走向成功。我的天生特性没有发挥作用。作为一个领导者，我必须承认——有时候成功不仅仅需要我考虑我是谁，我喜欢什么，或我天生擅长做什么。我需要提升自己去应对任务，任务可不会自己降级来匹配我的能力。

我知道你也想了解我的背景。你知道我来自中西部，但现在定居在加利福尼亚。我母亲独自一人把我和我妹妹拉扯大。她白天在理发店当发型师，晚上在餐厅当服务员。我十四岁的时候，我父亲离开了我母亲和我们兄妹俩。那时候，我成绩一般，在学校受过一两次欺凌。上大学后，我喜欢打高尔夫球。大学毕业后的五年中，我经历了两段糟糕透顶的恋情。我被开除过一次。但我也遇到了一些好朋友，慢慢有了自信。虽然我是偶然才开始做现在的工作的，但这份工作很棒。

我的背景也体现不出我的潜力。从我的背景，你也看不出现在我该如何更进一步。

布伦登，我现在是实话实说。我知道你喜欢做性格评估，想要问我的背景。但是如果人人都有过去，人人都有故事，那么一个人的过去和他的故事绝对不是他的优势所在。

我想说的是，我自己就能做到好好自我反省。我花钱参加你的项目，是希望你能告诉我该如何迈向下一个阶段。

布伦登，我想知道我该做什么。告诉我，有什么方法是与任何性格都无关，始终会起作用的。

别告诉我高效能人士是什么样的人。告诉我他们在不同项目中具体做了哪些我可以模仿的事情。我要的是具体细节。这才是真正有用的东西。

如果你能找到这个答案，我会成为你永远的客户。

否则，我们没有必要继续合作了。

★

在我职业生涯初期，我收到了客户汤姆写给我的这封信。这么说吧，读到信的时候，我很惊讶。汤姆是个善良的人，同时也是个成功的高管。他愿意与人合作，总想尝试新鲜事物。写一封这样的邮件警告我，如果我找不到"真正有用的东西"，他就要终止和我合作，这实在不像他的风格。在我和他的后续对话中，他表现得更为直接。他很恼火。

汤姆想要结果，但我不知道如何得到结果。

这是 10 年前的事了。那时我只是个名不见经传的"人生教练"，所以通常，我会做四件事来找到帮客户提升表现的方法。

首先，我会问客户他们想要什么，看是哪些"限制观念"阻碍了他们的发展。同时，我还要询问他们的过去，试着找到对他们当前行为产生影响的事件。

第二，我会利用评估工具确定他们的性格、模式和偏好，旨在帮他们更好地了解自己，找到能帮他们获得成功的行为方式。常见的评估工具有 MBTI、克利夫顿优势识别器、科尔比指数、DiSC 测试等。通常，人生教练会雇佣这些评估工具的专家或认证咨询师来管理数据。

第三，人生教练会对工作表现评价进行筛查，并与客户身边的人交谈。通过全方位的评估，明确其他人对客户的看法以及要求。我会与客户的家人和同事聊天。

第四，我需要评估他们的实际成果。我会查看他们过去取得的成果，看看有哪些突出成就，哪些流程帮他们出色地完成了工作，他们最喜欢通过什么方式影响他人。

我按照流程做了上述四件事。因为汤姆喜欢实实在在的数据和报告，我们花了很长的时间商讨评估结果。我们和几位高级咨询师合作，他们都是不同评估工具领域的专家。我们在活页夹中列满了信息。

两年后，我尽管了解汤姆的特点、才能、分数和背景，还是眼睁睁地看着他不断失败。

我很难受。我不知道他为什么没有得到他想要的结果。就在那时，他给我发了上面那封邮件。

世界上最大的个人和职业发展实验室

10 年前，我收到了汤姆的邮件。10 年后的今天，我已经有了一个世界上最大的个人和职业发展实验室 —— 这是我们研究全球受众和平台的起点。这本书的受众包括在社交媒体上关注我们的 1000 多万人，订阅电子刊的 200 多万人，观看过我的视频或做过网上测试的 150 万名学员，参加过多场现场高效研讨会的数千名人士，在我的书中和博客上读过动机、心理学和改变人生等话题的数百万名读者以及 50 多万视频订阅者。多亏了这些人，我的个人发展视频的在线观看量已经突破了一个亿 —— 这些视频中没有一个是关于猫咪的。

这些受众的特点是，他们找到我们的唯一目的是获得个人发展方面的建议和训练。这给我们带来了启发，让我们了解到人们因何而困扰，他们想得到什么以及哪些事能给他们带去改变。在高效能研究院，我们调查关注我们的大众，对他们进行采访，从学生的行为和评价中获取数据，研究在线训练课程和一对一高效指导课程的前后测试结果。每当我们需要了解人类行为和高效能表现的时候，我们就会去实验室寻找答案。

　　我们通过大量受众和数据得出的结果听起来像是常识：如果想获得成功，努力工作、热情、练习、高水平的适应力和人际交往能力往往比智商、天赋或出身重要得多。你不必感到惊讶，这个事实与当前关于成功和一流表现的研究结果完全吻合。你阅读任何最新的社会科学研究，都会发现几乎在所有领域中，大多数成功都归功于可改变的因素 —— 可以通过努力而改变和提升的事情。例如：

- 你的思维模式
- 你对热爱的事情的重视和坚持程度
- 你的练习量
- 你理解和对待他人的方式
- 你在追求目标时是否自律，能否坚持
- 你在遭遇挫折后的复原方式
- 你花多少时间锻炼身体以保持大脑活跃和身体健康，花多少时间照顾自己

我们的研究、科学和学术文献都表明，不是某一类特殊人群才能获得成功，各个领域的人都能够通过坚持一系列训练获得成功。我写这本书是受到了"最有效的训练究竟有哪些"这个问题的启发。

6 个高效能习惯的确立

> 动机让你开始。习惯助你前行。
>
> —— 美国杰出商业哲学家吉米·罗恩（Jim Rohn）

　　过去几年中，我们一直致力于寻找帮助人们获得长期成功的最有

效的习惯。我们发现了汤姆一直清楚的真相：高效能人士的行事方式不同于他人。不管他们是什么性格，有怎样的过去或有什么偏好，他们的练习都可以被复制到不同的项目上（几乎在所有情况下）。事实上，我们发现无论在什么领域中，刻意坚持 HP6 都能给表现的结果带来巨大改变。如果你无法养成这 6 个习惯，你最大的优势或天赋就发挥不出作用。

为了找出最重要的习惯，我们利用了学术文献中的相关概念、分析了从面向全球的实验室中得到的数据以及从 3000 项高效指导课程中获得的经验。之后，我们整理了数据，设计出结构性调查问题，并让高效能人士回答这些问题。

我们通过标准的社会科学实践方法，如对调查问卷的分析和对客观表现（例如学术表现、运动表现、客观商业能力和金融产出等）的衡量，为高效能人士下了定义。比如，我们会询问他们是否同意以下说法：

- 大多数同事认为我是高效能人士。
- 过去几年中，我一直保持着高水平的成功。
- 如果"高效能"的定义是在专注的领域获得长期成功，那么和多数人相比，我认为我是一个高效能人士。
- 在我最感兴趣的领域，我比同事获得了更长久的成功。

对于非常赞同这些观点的人，我们会和他们进行一对一交流（通常还会和他们的同事进行一对一交流）。我们还会问认为自己是高效能人士的受访者额外的问题，如：

- 当你开始一个新项目时，你会有意识地坚持哪些长期举措以追求成功？
- 哪些个人和工作日程能帮你保持专注，充满活力，充满创造力，保持高产和保证效率？（我们会依次问这五个问题。）
- 你养成了哪些习惯？抛弃了哪些习惯？你坚持的习惯中，有哪些始终有效？

■ 当你进入一个新的环境 / 应对挫折或失望 / 帮助他人时，你会有意重复哪些念头或反复对自己说哪些肯定的话？

■ 如果让你说出三件帮你成功的事物，而且下次遇到重要项目时你只能利用这三件事物，你会选择什么？

■ 当你准备一场非常重要的会议（比赛、表演、场景或对话）时，你如何准备？如何练习？

■ 如果你明天要开始一项重要的、全新的团队任务，你会如何鼓舞士气，让你的团队迈向成功？

■ 哪些习惯能让你快速成功？哪些长期练习能让你脱颖而出？

■ 临近最后期限时，压力很大，你如何保持健康和幸福感？

■ 当你自我怀疑、感到失望或挫败的时候，你通常会和自己说什么？

■ 什么事情能让你感到自信？当你需要自信时，你如何"调整到"自信状态？

■ 你如何应对支持你的人 / 不支持你的人 / 你希望他们支持你但他们不支持你的人？

■ 当你追求更大的目标时，哪些练习能让你保持快乐和健康？

诸如此类的几十个问题帮我们一步步靠近了让高效能人士获得成功的因素和习惯。我们由此发现了清晰的主题，总结出最初的 20 多个高效能习惯。

接下来，我们调查普通大众，询问他们类似的问题。我们研究哪些习惯区分了高效能人士和普通大众，之后进一步缩小了高效能习惯的范围。最后我们把高效能习惯的范围缩小到经过审慎推敲的、可观察的、可更改的、可训练的习惯上。最重要的是，这些习惯在所有领域都行之有效。也就是说，我们希望这些习惯能让人不仅在某个专业领域获得成功，而且可以在多个领域、多项活动、不同行业中获得成功。我们希望每个人在任何地方、任何奋斗领域都能反复应用这些习惯，显著地提升表现。

最终，我们筛选出 6 个习惯。我们称之为"高效能习惯"，即 HP6（见 P11 图 1）。

在确定了 HP6 之后，我们继续做额外的文献综述和测试实验。基于 HP6 和其他经过证实能带来成功的方法，我们设计了高效能测试（HPI）。第一次，我们测试了来自全球 195 个国家的 3 万多人，从数量上看，HPI 是有效、可靠、有用的。我们发现，不仅同时具备 HP6 的状态与高效能表现有关，而且每一个习惯都有助于提升高效能表现。HP6 和人生中其他的重要内容，如整体幸福感、更好的健康状况以及积极的人际关系相关。

无论你是学生、企业家、经理、首席执行官、运动员还是家庭主妇或主夫，HP6 都能帮你迈向成功。无论你现在是否成功，这 6 个习惯都会帮你迈向下一个阶段。

虽然其他因素——运气、时机、社会支持或突然的创造性突破——也会对你的长期成功产生影响，但 HP6 是可以由你自己掌握的，而且我们的测算发现，HP6 比其他任何因素都有效。

如果你想在做任何事情时都达到高效，你必须坚持以下 6 点，即 HP6：

1. 明确你想成为什么样的人，你想如何与他人交往，你想要什么，什么事能给你带来最大的意义。每次开始一个新项目或一个重要事项时，你都要问自己：在做这件事的时候，我希望自己成为什么样的人？我该如何对待他人？我的想法和目标是什么？我该关注哪些能让我和他人产生联系、获得满足感的事情？高效能人士不只在开始奋斗时会问自己这些问题，在整个过程中，他们会一直问自己这些问题。他们并非一次就能"明确目标"，然后得出一个一劳永逸的任务说明；随着时间的推移，随着他们接手新项目或进入新的社会环境，他们会反复明确自己的目标。日程化的自我管理是他们成功的标志。

2. 激发能量来保持专注，不断努力，维持健康。如果想要一直奋斗，你就必须积极、主动地以具体的方式关心精神持久力、体能和积极情绪。

3. 对非凡的表现志在必得。也就是说，你要主动找到自己必须好好表现的原因。这种需求的基础是你的内在标准（如你的身份、信念、价值观或对优异表现的期待）和外在需求（如社会责任、竞争、公共承诺或最后期限）。你必须始终清楚自己做一件事的原因，并不断为其提供能量，获得迈向成功所需的动力和压力。

4. 在你最感兴趣的领域提高产能。具体而言，就是在你希望名声大噪、产生影响力的领域专注于高产优质成果（PQO）。与此同时，你要把干扰降到最低（机会也会干扰你）。

5. 影响你周围的人。这有助于让人们更加相信并支持你的努力和雄心。只有不断发展积极的人际关系网，才可能在长时间内取得重大进展。

6. 即使面对恐惧和不确定因素、威胁或不断变化的环境，也要通过表达想法、采取大胆的行动、维护自己和他人来证明你的勇气。勇气不是一时之举，而是一种选择和意愿。

明确目标。激发能量。提升需求。提高产能。发展影响力。显示勇气。你想在任何环境中实现高效，都需要养成这 6 个习惯。我们观察了数百个案例中体现的个人努力和社会行为后发现，这 6 个习惯能够最有效地显著提升表现。

在接下来的 6 章中，我们将通过培养这 6 个习惯，释放出你的最大能量。

HP6

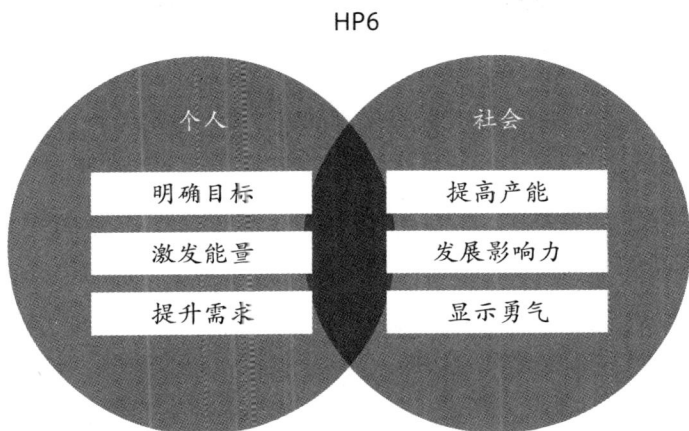

图 1

只有优势远远不够

你会发现，这 6 个习惯中并没有哪个提到让你重视天赋、才干、运气、背景或能力。这是因为无论你性格多强，天赋多高，多富有，多好看，多有创造力，培养出了哪些才能或过去获得过多么卓越的成功，意义都不大。如果你不知道自己想要什么，不知道如何实现目标（明确目标），疲于表现（能量），不具备督促自己完成任务的动力和压力（需求），难以集中精力，创造不出最有价值的成果（产能），缺乏让别人相信你、支持你的人际交往能力（影响）或是不敢维护自己和他人（勇气），这些都发挥不出应有的作用。如果没有养成这 6 个高效能习惯，即使是最有天赋的人也会感到迷茫，筋疲力尽，缺乏动力，产能低下，感到孤独、担心与害怕。

我们如果只做能自然养成的、简单的、天生就会的事情，是无法提高效率的。只有当我们不断努力应对生活中更难的挑战，走出舒适圈，努力克服我们的偏见和偏好以理解、爱护、服务和领导他人时，我们才能保持效率。

每当我提到这一点的时候，人们总是会犯嘀咕，因为"优势"运动实在是太受欢迎了。就我个人来说，我觉得任何能让人们更了解自己的工具都是好的。我非常崇拜盖洛普咨询公司，它领导了以优势为基础的革命。但是，我不建议人们依靠"优势假设"去领导他人或迈向人生下一阶段的成功。优势运动的基础是我们每个人都具有的"天生"优势——我们生来就有的天赋。这一运动假设我们从出生开始，"天生"擅长做一些事情，而且我们很可能会一直专注于这些事。毫无疑问，这是个让人感觉良好的模式，当然好过一直纠结自己的缺点。

我对优势运动的主要异议是，在如今这个复杂且发展迅速的世界上，并非人人都能轻易获得成功。无论你天生擅长做什么事，若想获得更高的成功，你必须抛开自己出生便具备或少年时自然获得的优势，不是吗？因此，关于天生能力的论断是站不住脚的。如果想要有非凡的表现，获得长期成功，你必须走出让自己感到轻松或自然的舒适圈，因为现实世界充满不确定性和不断增长的发展需求。你"自然产生"的天生优势远远不够。在本章开头，汤姆在邮件里写道："我需要提升自己去应对任务，任务可不会自己降级来匹配我的能力。"如果你有雄心大志，想要做出非凡的事情，那么你必须走出舒适圈。若要实现高效能表现，你必须解决自己的缺点，发展全新的技能，不能只做你认为简单的事或你"喜欢做的事"。这应该是一种常识：如果你真的想有所作为，就必须不断发展，付出更多，而这绝对不是一件轻松或自然的事情。

即使你不同意我的观点，我还是想告诉你，在充满不确定因素的环境中，了解你的性格类型或天生优势对实现下一个大目标没多大用处。了解你的标签或优势，试图"朝这个方向"发展，就好比让一头狗熊去一个未经开发的悬崖上寻找蜂巢、获得蜂蜜，好让它"表现得更像一头熊"一样。

致那些开公司的朋友和同仁们：别再花钱做昂贵的优势和性格评估了，这种给人分类的方式毫无价值。你们应该致力于帮助人们养成有效的习惯，提升他们的表现。

好消息是，没有人"天生"缺乏高效能习惯。高效能人士并非天生就是有一大堆优势的幸运儿。他们只是利用了我们前面讨论过的习惯，并比他们的同伴坚持得更久。就这么简单。这才是人与人之间的差距所在。

所以无论你是外向型还是内向型人格，无论你是 INTJ 还是 ESFP，无论你是基督教徒还是无神论者，无论你是西班牙人还是新加坡人，无论你是艺术家还是工程师，无论你是经理还是首席执行官，无论你是"成功者"还是"分析者"，无论你是一位母亲还是一个火星人——HP6 中的每一个都能对你最重视的领域产生重大影响。同时养成这 6 个习惯会彻底改变你在人生中每个有意义的领域中的表现。你不必天生就擅长这 6 个高效能习惯，但你必须同时培养它们。每当你希望成功完成一个新目标、新项目或实现一个新理想时，你必须坚持这 6 个高效能习惯。你每次发现自己没有发挥出全部潜能时，就必须要求自己坚持这 6 个高效能习惯。如果你想知道自己为什么失败，就去做高效能指标测试吧，看看在哪个习惯上分数低，之后努力加强那一项，然后你就会回到正轨。

专注某个习惯进行训练是重要的一点，尤其是因为它让我们不再相信有些人就是能够"轻松"获得成功这样的谬论。过去 10 年，我指导过许多顶尖的成功人士，我们还进行了大量调查和专业评估，我们据此发现，高效能表现并不总是和性格、智商、天赋、创造力、经验、性别、种族、文化或薪酬密切相关。在过去 20 年间，研究人员在研究神经科学和积极心理学时也发现了相同的结果，于是他们推翻了过去的模式。利用既有才能做到的事往往比天赋重要。你天生擅长的事远没有你如何看待世界、发展自己、领导他人、在困境中保持坚韧重要。

我们知道，有些人天生就拥有很多资源 —— 优越的成长环境、迷人的性格和不错的创造力 —— 但是依然没有获得成功。很多人收入很高，但是表现不佳。任何一个在公司里给团队成员做过优势评估的人都知道，多数员工都知道自己的优势所在，他们做的也是和个人优势相关的工作，但他们依然没有取得优异成绩。在任何一个优秀公司的企业文化中，高效能人士和低效能人士总是同时存在。为什么？因为高效能表现指的并不是一类特殊人群的表现。它和基因优势、工作时长、肤色、支持者多少或你的收入无关，而和你的高效能习惯有关 —— 这是你完全可以掌控的部分。

我们有必要阐明这个发现，因为太多人以此为借口为自己的低效能表现辩解了。想想你是不是经常听到下面这些话：

- 我就不是那种会成功的性格。我不外向 / 缺乏直觉 / 没有魅力 / 放不开 / 做事不认真。
- 我不是所有人中最聪明的那个。
- 我不像他们那么有天赋。我天生就不擅长做那件事。我没有配比完美的优势。
- 我不是右脑型人士。
- 我经验不足。
- 我是女性 / 黑人 / 拉丁裔 / 中年白人男性 / 移民，所以我不可能成功。
- 要是能拿到与能力匹配的收入，我会做得更好。

是时候看清这些理由的真面目了：为不佳表现找的借口，特别是长期的不佳表现。

但这并不意味着内在因素完全不重要。有充足的证据表明，内在因素也很重要，特别是在儿童的发育阶段，而且很多内在因素对你成年后的情绪、行为、选择、健康和人际关系有重大影响。（如果你想了解更多有关为何内在因素很重要，但对长期成功而言并不像大多数人想象中那样重要的学术探讨，请阅读我们发布在 HighPerformanceInstitute.com/research 上的文章。）

领导者们要注意：关注我上面提到的任何因素对提升员工表现而言都没有太大帮助。那些因素很难被定义、管理或是改善。设想一下，你和几个团队成员正在进行一个项目，其中一个人表现不佳。如果你走过去对这个人说以下这些话，就会显得很荒谬：

- 如果你能为我们大家改变一下你的性格……
- 如果你能为我们大家提高一下你的智商……
- 如果你能够改变一下你的天赋……
- 如果你能在这方面多5年经验……
- 如果你能更像个亚裔 / 黑人 / 白人 / 男性 / 女性……
- 如果你能迅速改变这里的文化……
- 如果你能给自己赚到足够的薪水，让自己更高产……

你懂我的意思。关注这些是没用的。

如果你想通过关注某件事来提升自己和团队成员的表现，那么重点就是从养成 HP6 开始。

水涨船高 —— 一个习惯改变一切

我们习惯于把 HP6 视作"元习惯"，因为养成这 6 个习惯有助于培养其他好习惯。通过明确目标，你养成了提出问题、探究事物本质、进行自我观察、评估自己是否在正轨上的习惯。通过激发能量，你能获得更好的休息，吃得更健康，运动时间更长。除此之外，你还会养成其他习惯。

我们对 6 个高效能习惯的研究中最吸引人的一点是，每一个领域内的提升都会带动其他领域的发展。也就是说，如果你不断明确目

标，就会获得更多能量，提升需求，提高产能，变得更勇敢且能提高
自己的影响力。我们的分析也指出，在一个习惯上获得高分的人往往
在其他习惯上的得分也很高，每个习惯都为提高 HPI 总分带来了一点
优势。只需要加强一个习惯，你就能提升整体表现。

另一件有趣的事是，6 个高效能习惯都与整体的幸福感相关。也
就是说，你在任何一个习惯中得分越高，你的幸福感可能就越强。6
个高效能习惯的共同作用十分强大，不但能证明你是高效能人士，还
能预测你是否幸福。

高效能"精神状态"是否存在

十足的快乐是全身心地投入生活。

—— 美国作家约翰·洛弗尔（John Lovell）

人们经常问我，是否有一种具体的"状态"能让他们获得长期成
功。就定义而言，情绪和精神状态都不会持久。这两种状态是在不断
变化的。情绪比较持久，而习惯最持久。因此我们要关注习惯。

但是我觉得，人们想知道的是："当我实现高效的时候会有什么感
受？高效能表现是怎样一种感觉？这样我就能判断自己是否实现了高
效能表现。"

这个问题可以用数据来回答。我们对 3 万多名高效能人士的公开
调查数据进行了关键词分析后，得出了清晰的结论：在谈到达成高效
能表现的时候是什么感觉时，他们表示会有满满的参与感、快乐以及
自信（这三点是按顺序排列的）。

也就是说，他们全心投入所做的事情中，享受自己正在做的事，
相信自己有能力解决问题。

在排名前五的回答中，另两个是目的性和顺畅度。比如，他们会

说"我觉得我做事很顺畅"。决心、专注、目的、审慎和自觉是人们用来形容高效能表现感觉如何的高频回答。

知道这一点之后，也许你能带着这个目的开始全神贯注地对待人生中的每时每刻，开始变得更快乐，开始变得更自信。这些事不但会让你感觉更好，同时也能让你表现更好。这几点可以让你进入状态，也有利于发展你的优势：没有高效能习惯只有优势是不够的。

检验 HP6

HP6 经过检验，为我们提供了在人生各个领域获得成功的方法。这 6 个习惯是开启全新局面的基本方法。在我的职业生涯中，我一直在应用 HP6，并得到了惊人的、有目共睹的成果。

除了我自己，本书里提到的习惯和观念也显著地改变了我们数万名学员的人生。在参与我们的线上项目、现场训练和培训前后，我们让学员们分别做了 HPI。当数据显示他们的生活质量得到显著提高时，他们会非常开心。我们经常见到我们的学员的 HPI 总分（以及整体幸福感）得到了显著提高。我们也把 HPI 应用到企业中，帮他们精准定位，确定应该关注员工和团队哪些方面的发展。

我们在客户培训中也取得了不错的成果。经过认证的独立高效能教练开设的 3000 多项为期一小时的精简培训课程也表明，人们在短短几周内就能迅速改变行为，实现高效，而不需要花费几年时间。

但是，高效能习惯并不是解决人生所有挑战的万能办法。在过去 10 年中，作为高效寻师和研究人员，我发现了很多关于 HP6 的负面信息，我很愿意和你们分享我的发现。在寻找关于 HP6 的负面信息的过程中，我们也在寻找一些按照书中介绍的 6 个习惯做了练习但依然没有实现高效能的人。世界上是否存在这样的人？他们主动明确目标、激发能量、提升需求、提高产能、发展影响、展示勇气，效率却依然很低，甚至成了失败者。我从没见过这种人，但是常识告诉我，肯定有这样的人存在。会不会有人没能养成其中的某个习惯，但依然获得了成功？打个比方，会不会有人获得了极大成功，但是并没有明确的目标？当然有。会不会有人缺乏勇气，依然取得了成功？当然有。但是你要记住，我们在这里讨论的不是初步成功，而是长期成功。事实上，如果你长期缺乏 HP6 中的任何一个，你的高效能分数（和幸福感分数）就会下降。你的效率和优秀程度都不可能达到你本该达到的水平。

一些评论家会表示，我们对高效能的描述或者 HPI 中用到的表述过于模糊和开放，因此令人很难理解。当然，在描述人类行为的时候我们总会面临这样的风险。如果我们说某人"有勇气""有创造力""是个外向者"或"很难保持专注"，那么就会有人说这种表述太模糊、太宽泛。但这并不意味着我们不该尝试去定义和衡量这些概念，或让人们了解这些概念。对人类心理学的研究本身就是在进行不精确的探索，但如果这种研究能让我们了解到一些人实现高效能的原因，那么它就是值得的。我们能做的就是利用现有的、经过验证但还不够精确的工具，继续致力于描述高效能人士拥有的习惯，把习惯和表述关联起来。我们现在正在做这件事。

除了主动寻找案例以推翻我们的假设之外，我们还会消除自行报告的偏差，调查人们在最初调查中说的话哪些是真的。我们采取的方式是随机采访提交报告的高效能人士，对比客观的衡量方式，以及从他们的同事那里获得反馈。我们发现，大多数人给出的都是诚实的答案，因为他们想准确地评估自己的能力，找到有待提升的方面。我们还在多数调查中添加了相反的表述和分数，来判断受访者的答案是否可信。

我和其他研究人员一样，愿意接受新的证据。对我来说，发现——包括本书中提到的那些——仅仅是在理解人类及其工作方式的漫长征程中的又一个麻烦的过程。我不是心理学家，不是精神病医生，也不是神经学家，我什么"家"都不是。我是个专业的高效能教练和咨询师。只有得到结果，我才有收入；只能提供讨论或理论是赚不到钱的。因此，我难免会对自己的工作有所偏爱。我很幸运，能成为这个领域最受关注的人之一。但毫无疑问，当涉及如此庞杂的一个主题时，我和其他作家或从业人员一样，很容易犯一些错误。关于高效能表现，我要学习的东西还有很多。这个领域还有很多未知的内容需要我们去探索。精神疾病、童年经历、社会经济因素和神经生物因素对养成并维持这些习惯有哪些影响？哪些因素会对特定行业、职业或教育程度产生最大的影响？

我很欢迎你在阅读这本书的过程中提出自己的问题，也希望你能质疑我的论述。在我们已发表的文章中，我公开呼吁人们来验证我们的结论，我也很希望能收到你的反馈。我和我的团队每天都试图了解高效能更多、更细致的特点。我会花一生的时间来研究这个领域。我想知道哪些习惯有用，哪些习惯没用。我还想知道你是否同意书中提到的内容，我建议你可以坚持对自己有用的习惯，放弃没用的习惯。

自我测试

HP6 会像我们在研究、训练和指导中看到的那样对你产生巨大影响吗？我想和你一起做这个测试。因此，我再次邀请你评判这些习惯是否有效。如果你还没做我上一章建议你做的事，在继续阅读之前，请你做一下 HPI。你只需花上几分钟的时间，在 HighPerformanceIndicator.com 上进行免费测试。之后，你会得到你的 HP6 分数。是的，这项测试不会给你"贴标签"。现在就做一下测试吧。

在我们的发现中，有一项是非常明确的：你永远不该因为担心缺乏"必要的能力"而不去追求梦想或创造价值。在深思熟虑后，坚持下去，超越他人，做更高层的工作，才能实现高效能表现。你要挑战自己，养成好习惯，从而获得能量，实现你最大的潜能。

我在蒙大拿州长大，我们有一句谚语"看地图的最好时机是进入森林之前"。在不久的将来，你会进入一个充满不确定性的环境，到那个时候，你的表现会变得非常重要。在这一天到来之前，好好阅读这本书，养成 HP6。它们就是你的地图，会指引你走出人生的丛林，迈向最高的成功。在下一章中，我们会在地图上做一个标记。我们要明确你是谁，在人生的这个阶段想获得什么。

第一部分

个人习惯

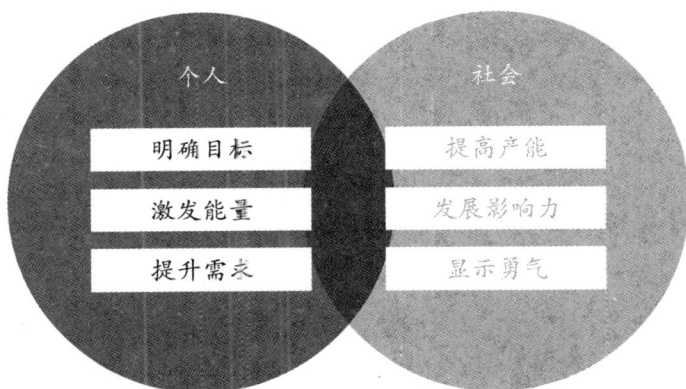

个人　　　　　　　　社会

明确目标　　　　　　提高产能

激发能量　　　　　　发展影响力

提升需求　　　　　　显示勇气

高效能习惯 1
明确目标

如果没有明确的想法，你只是在发出声音罢了。

—— 美国大提琴家马友友（Yo-yo Ma）

- 设想未来的四大领域

- 明确自己需要的情绪

- 定义何为有意义的事

坐在我面前的女士名叫凯特，她大声说："我想拥有一切！"

凯特是行业内一家顶尖公司的高管，手下管理着数千名员工。她经验丰富，是一位令人尊敬的领导者。她的公司利润丰厚，因此凯特的收入比同等级别的其他人高一倍，月达到了六位数，但她从未因此而骄傲自满。她只有在鼓舞团队士气的时候才会自夸一番。她的员工工作努力，互相帮助，这令她感到自豪。

无论凯特说什么，你都能感觉到她是真的对你很有兴趣。她有一种无法言说的优雅。每当我看到凯特走进房间，我就会想到一句谚语——这个世界上有两类人，一类人走进房间时宣布："我来了！"而另一类人走进来说："哦，原来你在这里！"

凯特有三个孩子。她 15 岁时母亲因癌症去世，因此她十分重视对孩子的陪伴。

最近，凯特又升职了，于是她的丈夫迈克辞职在家带孩子。他们很开心，因为有了更多相处时间。

凯特雇我做她的教练。为了更好地了解彼此，她邀请我到她位于郊区的家中吃烧烤。那是一个晴朗的下午，我在到她家后的几分钟内就开始和她的四个朋友在厨房里边喝酒边聊天。我问他们是怎么认识凯特的，觉得她是一个什么样的人。他们说凯特是一个"非常棒的人""给予者""榜样""让我们显得很懒惰的成功者"。凯特的一位朋友说，凯特十分忙碌，但如果你需要她，她总会赶来帮助你。另一个朋友说，凯特最让人佩服的一点是，她在完成所有事的同时还能抽出时间去上瑜伽课。还有一位朋友说，我不知道她是怎么做到这一切的。另外三个人听到这句话的时候都点点头，齐声附和，像在教堂里听布道一样。

过了一会儿，凯特邀请我到她家书房里谈话。落地窗让房间显得明亮，露台上的法式木门大开，我正好可以看到正在烧烤的迈克。

凯特看起来很开心。于是我告诉她，她的朋友们都很崇拜她。

她的声音突然哽咽了。她说自己很感激朋友们的赞美，说着说着眼里就充满了泪水。她别过脸，看着别的地方出了神。

通常，遇到这种情况，我会幽默一下，缓解气氛。所以，我问凯特："是不是有什么我不知道的事情？你是不是对你的某个朋友有怨言？"

"什么？"凯特十分疑惑，但在意识到我是在开玩笑的时候，她大笑着说："哦。当然没有，我现在只是有些情绪化。"

"我知道。所以是怎么回事？"

她看向窗外，看着在院子里的丈夫和朋友们，试图冷静下来，坐直身子，用指尖擦干眼泪。"布伦登，我的朋友们说的这些话对我而言意义重大。你能来见我的朋友们，见迈克，我特别高兴。"她再度哽咽，又流下了眼泪。她又扭过脸，看向地面，摇摇头，说："抱歉，我目前的人生真的是一团糟。"

"一团糟？"我反问。

她点点头，擦干眼泪，再次坐直。"我知道，我说'我好可怜'会显得很愚蠢，对吧？这个女人有一份完美的工作和一个美满的家庭，居然还不快乐。这听起来就像在肥皂剧里一样。我也知道你来这儿不是给我上心理辅导课的。但是，当你觉得非常幸福、其他人都指望着你的时候，你就没法抱怨，所以我才会请你到这里。虽然没人知道，但我真的很痛苦。我不希望你或者任何人可怜我。我也不想听到你说我的生活不是一团糟——我的朋友们一直这样说。能把这些话说出来，我觉得好多了。我的人生的确不错，但有些事出了问题。"

"跟我说说。"

她深吸了一口气，说："你有没有感觉自己很多时候一直在机械地做这做那？"

我想了想，人一生中的机械行动是否有一个合适的时长？但我没有问出这句话，因为她问的是我有没有这种感觉。当人们被情感困扰的时候，他们就会表达出来，询问他人是否遇到了同样的困扰，而不是承认这种感受。

"凯特，这是你的感受，对吗？你觉得自己一直像个机器人一样？"

"我觉得是。"

我向前凑了凑，追问道："你说的机械和感觉一团糟是什么意思？"

她沉默了一会儿，回答道："我也不清楚。所以我想听听你的建议。我要做的事太多了。我觉得自己一直在做无用功，一切都毫无进展。因此我觉得事情一团糟。但我很擅长现在的工作，能把所有事情都处理好，所以我才觉得自己做什么都不走心，所有的麻烦几乎都变成了……家常便饭。虽然有很多事等着我去做，但我没有崩溃。我只是有点儿挫败和焦虑。你明白我的意思吗？"

"我明白。你是怎么应对这种情绪的？"

凯特露出了不太确定的表情，看向窗外。"这就是问题所在。我不知道我是否真的好好应对了所有情绪。你知道吗，我做了所有该做的事。人们说要陪伴和关爱家人。我试着去做了。我每天都努力对孩子们好，对迈克好。人们说要提高效率。我写了待办事项表，做了计划，还有确保每件事都完成的检查表。我做完了该做的事。人们说对待工作要充满热情。我做到了。人们说要坚持不懈，适应力要强。我也做到了。在工作中，我承受了很多性别歧视才走到了今天的位置。

这一路走来，我很幸福，人们没必要可怜我。但是，布伦登，我真的不知道……"

"不，我觉得你一定知道。告诉我。"

她向后靠在椅背上，双肩颓然下垂，眼泪夺眶而出。她呷了一口酒。

"我忙忙碌碌，想要做好每一件事，却产生了一种游离感。我有点儿……失去方向了。"

我点点头，等着她说出意料之中的后半句话。

"我不知道自己到底想要什么。"

★

我敢说，你一定认识许多像凯特一样的人。他们聪明勤奋，能力出众，充满爱心。和许多成功者一样，凯特有一张目标清单，而她已经完成了清单上大部分任务。但是事实上，她不知道怎样才能让人生重新充满活力。

如果再不做出改变，她就会陷入困境。当然，我并不是说她会遭遇彻底的失败。电视剧里，一些成功者在遭遇严重的生存或中年危机时会立刻抛弃一切。他们失去理智，如发疯一般在某个周末突然关闭公司或是与配偶分手。但在现实生活中，成功者不会这样做。

成功者不会做这样的事。当成功者陷入挣扎的时候，特别是当他们也不知道自己到底想要什么的时候，他们往往会表现得像优秀的士兵一样，步履不停，继续前进。他们不想把事情搞得一团糟。成功者害怕突如其来的改变，是因为事实上一切都很好，不需要改变。他们不愿意放弃奋斗良久后得来的一切，不愿意倒退，不愿意失去目前的成就或是被同事、对手取代。

成功者深知人生还有另一种完全不同的可能，只是他们根本不确定是否要改变一切都不错的现状。对成功者而言，改变一件坏事轻而易举。但如果是毁掉一件好事呢？那就太可怕了。

由于不知道自己真正想要什么，成功者通常会选择保持现状，不做改变。但有些时候，如果他们不搞清楚自己是谁以及在人生的这一阶段想要得到什么，就会出现问题。

起初，他们只是稍稍有点儿表现欠佳。他们开始感到状态不佳，因此在努力的时候目的性变弱了。他们倒退了一些。这并不意味着他们觉得人生中缺少了东西。他们会说："我要为很多事而感恩。"但问题不是他们要感谢多少外在事物，而是他们内心出了问题。像凯特一样，即使生活很美好，他们仍然灰心丧气、焦躁不安。

他们开始担心，"或许我还没找到自己真正擅长的事"——尽管他们已经为"自己擅长的那件事"付出了诸多努力。

深夜时分，当办公室的灯光全部熄灭，或是忙碌工作数周后终于获得片刻宁静时，他们内心的声音就会对现状发出质疑：

- 我给自己制造的这些难题到底值不值得？
- 在这个阶段，我和我的家人是否做出了正确的选择？
- 我如果休息几个月，学些新东西或者换个新方向，在这期间会不会错失一些机会呢？
- 现在一切都挺好，如果我尝试新事物，别人会不会觉得我疯了？我是不是太愚蠢、太不知感恩了？
- 我是否有足够的能力步入下一个阶段？
- 我为什么变得如此焦虑？
- 为什么我和别人的关系变得有些乏味？
- 为什么我现在不够自信？

如果你一直回答不了这些问题，你就会开始想把它们搞清楚。某些像凯特一样的人会开始回首一生中攀登过的高山，害怕自己走了太多错误的路。最后他们才明白：能做到的事并不一定是重要的。

很快，他们每天的动力开始减退。他们开始感到受限制和不满足。他们开始保护目前取得的成功，而不是继续前进。任何事都不再令他们感到兴奋了。

但是，很少有人一开始就发现了这个苗头，因为成功者的表现依然不错。当然，他们的热情虽然已经不比过去了，但至少他们的家人和同事都还很开心（或者根本没意识到有不对劲的地方）。

凯特就遇到了这种情况。虽然没人知道她已经"一团糟"了，但她陷入了这种情绪，无法自拔。

最终，对自己的不满意会影响他们和家人、同事的关系，其他人会因此注意到他们的问题。失望带来的压力会让他们的配偶和同事感到难过。他们错过会议，不接电话，不能按时完成工作，想不出好点子，不给人回电话。成功者和他们身边的人都清楚地意识到，他们开始敷衍了事。激情、快乐和自信都不见了，随之消失的还有他们的高效能表现。

如果你觉得这听起来很耳熟，那么本章就是你重置自我的机会。如果你觉得这太夸张了，那可能是因为你还没有碰壁。本章会帮助你远离这些困扰。

明确目标的基础要素

> 这种感觉清晰明了。你仿佛突然间感受到了整个自然界，并说出："没错，这是真的。"
>
> ——俄国作家费奥多尔·陀思妥耶夫斯基
> （Fyodor Dostoyevsky）

本章的主要内容是明确人生中的目标，如何规划明天以及如何致力于今天的重要事项。明确目标是一个必要习惯，有助于高效能人士在长期、艰巨的任务中保持投入，不断成长，感到满足。

　　我们的研究表明，与同事相比，高效能人士对自己是谁、目标是什么、如何实现目标以及对他们而言有意义和能获得满足感的事情是什么等问题有清晰的答案。我们发现，如果能帮助学员明确自己的目标，就能提升其 HPI 总分。

　　无论你是否对人生有非常清晰的目标，都不要灰心，因为你可以通过学习来明确自己的目标。目标明确不是仅属于幸运儿的性格特征。发电厂不"拥有"能源，但它能够转化能源。同理，你不"拥有"任何具体的现实，但是你能创造现实。按照这个思路来看，你不"拥有"明确的目标，但是你能创造出明确的目标。

　　因此，不要寄希望于灵光一现后就知道自己接下来想要什么，而要通过提出问题、进行研究、尝试新事物、探寻人生的机会和发现适合自己的事情来创造出明确的目标。不要指望某天走在街上就突然获得灵感，一切都清晰明朗起来。明确的目标来自仔细的思考和细致的实验。要不断问自己问题，完善自己对人生的看法。

　　关于明确目标的研究表明，成功者知道以下基本问题的答案：我是谁？（我有什么价值？我的优点和缺点是什么？）我的目标是什么？我的计划是什么？这些问题看似简单，但你会惊讶地发现，这些问题的答案会对你的人生产生很重要的影响。

　　明确你是谁和你的自尊有关。也就是说，你对自己的积极认知与你对自己的了解程度有关。从另一方面看，不知道自己是谁与神经质和消极情绪密切相关。因此，自我意识对初步成功至关重要。你必须知道自己是谁、你的价值是什么、你的优缺点是什么，以及你的发展方向是什么，清楚这些问题会让你对自己、对人生都感觉良好。

　　接下来，你需要制定明确的、充满挑战的目标。数十年的研究表明，设置具体的、不易实现的目标有利于提升表现，无论目标是你自己制定的还是他人安排给你的。明确的挑战性目标让我们充满动力，让我们更快乐，产出更多，心态也更满足。在人生的各个领域选择充满挑战的目标，能够为达成高效能开个好头。

你还需要给目标设定截止日期，否则你肯定无法坚持下去。研究表明，为实现目标制订一个具体的计划——明确何时何地做何事——你实现这个挑战性目标的概率会增加一倍多。制订明确的计划与拥有动力和意志力一样重要。它能够帮你意识到以前让你分心的事，抵制消极情绪——目标越明确，完成任务的可能性就越大，即使在犯懒或者疲惫的时候，你也能坚持完成。你看到每一步都摆在面前时，就很难忽视它们。

我们进一步的研究证实了这一切。在一项调查中，我们让 2 万多人阅读下面几句话，并在 1～5 分中进行打分。1 表示"非常不同意"，5 表示"非常同意"：

- 我知道自己是谁。我很清楚自己的价值、优点和缺点。
- 我知道自己想要什么。我很清楚自己的目标和热情所在。
- 我知道如何得到自己想要的东西。我有实现梦想的计划。

这几个问题的分数越高，HPI 总分就越高。高效能指标测试得到的数据也表明，较高的明确目标分数和更强的自信、整体幸福感以及坚定的信心紧密相关。有明确目标的人往往表示他们比同事表现得更好，认为自己能做出很大的成就。对学生来说，明确目标项上的分数越高，他们的 GPA 成绩就越高。也就是说，学生越清楚自己的价值、目标和发展道路是什么，往往越能得到高的 GPA。

当然，很多内容听起来像是常识。"知道你是谁和知道你想要什么"并不算多么高深的建议。尽管如此，这个建议还是会让你进行自我审视：你知道自己是谁、想要什么吗？如果不知道，现在开始想一想。这和你记录这些内容一样简单。但是，现在我们集中注意力来看看本书的承诺：更先进的理念会提升你的表现。想一想，如果要做到这一点，你会给像凯特这样的人提出什么建议？凯特十分了解自己，而且在过去几十年里，她制定并完成了许多充满挑战的目标。

下一步要明确的目标与未来有关

一眼望去，我看到了应许之地。

——美国民权领袖马丁·路德·金（Martin Luther King, Jr.）

最近我一直在思考，了解自己、知道自己想要什么以及如何得到的高效能人士是否有一套独特的世界观。如果有的话，我想知道他们在哪些方面比其他人有更明确的想法。

为了找到答案，我分析了高效能学员的答案，联系了成功学研究者，询问了经过认证的高效能导师其客户的优势来自何处。我还设计了只衡量明确目标这个习惯的结构性访谈，采访了近百位被认定为高效能人士的调查参与者。我提问了他们如下问题：

■ 你认为哪些事情让你比同事表现得更好？

■ 为了始终明确最重要的是什么，你会关注哪些方面？

■ 你不确定的事情有哪些？它们对你的表现产生了哪些影响？

■ 当你感到不确定或不知道该做什么时，你会怎么办？

■ 如果让你告诉你正在指导的对象你获得成功的原因，你会说什么？

■ 你认为自己的哪些特质——除了你的价值观、优势和计划之外——会让你获得成功？

在回答自己是谁或自己想要什么这些基本问题的时候，顶尖的高效能人士几乎都能很好地着眼于未来，预测迈向卓越的方式。他们不仅了解目前的自己，而且几乎不会在乎自己目前的性格或表现，而是会不断思考自己想成为什么样的人以及如何做到。他们不仅知道自己现在的优势是什么，还知道如果想在下个阶段提供更优质的服务，在接下来几个月、几年里应该更多地掌握哪些技能。他们不但有实现这个季度目标的明确计划，也给未来的项目做好了规划，以实现更大的梦想。他们不仅会思考自己这个月想得到的东西，还热衷于帮助其他人得到他们在生活和职业生涯中想得到的东西。

"专注未来"的含义不仅局限于他们想成为什么样的人或如何帮助自己及他人实现梦想，他们还能清楚地表达在接下来的努力中自己希望有怎样的感受，他们清楚哪些情况会摧毁自己的热情、满足感和发展前景。

我们在这项研究中发现，养成具体的习惯有助于明确下一阶段的目标。

练习一：设想未来的四大领域

> 人要有伟大的梦想，只有去追逐梦想，才会实现梦想。总有一天，你会成为自己想成为的人。总有一天，你会实现自己的理想。
>
> ——英国思想家詹姆斯·爱伦（James Allen）

高效能人士对自己的计划、社交圈、技能以及能为他人做的事有着清晰的认识。我把它们归类为自我（self）、社交（social）、技能（skill）和服务（service），并称为"未来的四大领域"（Future Four）。

自我

"认识你自己"是刻在希腊德尔菲神庙中的一句箴言。但是"认识你自己"和"想象你自己"是不一样的。高效能人士会认识自我，但是他们不会止步于此。他们更重视把自己打造成更强大、更有能力的人的过程。这体现了自省和计划之间的巨大差异。

我们发现，和其他人相比，高效能人士能更容易地描述未来的自己。从策略角度看，当我问他们"你能否描述一下未来理想中的自己，那个你努力想成为的人"的时候，他们往往反应更快，想法更多，也更自信。

在回顾采访记录的时候，我发现高效能人士在这方面明显比其他人考虑得更多。他们能更快地描述出未来的自己，并说出有条理的内容——这个内容紧跟在说完"嗯"和"这是个好问题"后——所用时间平均比其他人快 7~9 秒。他们的回答也比其他人清楚、明了。当我让人们用三个词形容未来最好的自己时，高效能人士的回答也会更快、更自信。

明确地设想我们未来的样子对任何人而言都非易事。因此大多数人一年只会做这件事一次——没错，在新年前夜设想未来。但高效能人士会花很多时间思考最好的自己是什么样的，以及他们想要实现的理想又是如何。在采访 HPI 中得分最高和得分最低的 10 名学员时，我发现，相比得分最低的人，顶尖的高效能人士每周都会多花近一个小时的时间来展望未来理想的自己，并采取相关行动实现目标。打个比方，如果你认为自己未来会变得善于沟通，你不仅会更多地设想你和其他人谈话的场景，还会花更多时间去和人交谈。你会主动地做这件事，因为它能培养出你希望自己未来能拥有的特点。

这并不是说高效能人士比其他人更擅长自省。许多人每周都写日记，也有自我意识，却没有实现高效能。比方说，许多人经常思考自我，但大多是消极想法。所以关键点在于，高效能人士想象出了自己未来的一个积极形象，之后便主动、努力地成为那样的人。主动和努力非常重要。他们不会坐等自己下周或下个月自动具备某种特征，而是当下就努力将自己活成自己想成为的样子。

你明白我的意思，那么我们就把这个建议分解成几件你能做到的简单事情：要更明确你想成为什么样的人。跳出当前状态，把眼光放得更长远。设想未来最好的自己，从今天开始活成那个自己。

这件事一点儿都不复杂。我 19 岁的时候遭遇了一场车祸，经历了痛苦的康复期，有三个词改变了我的人生。你也许知道，这三个词是我在面对死亡的时候人生教会我的。这三个动词简单而精炼：去活，去爱，去产生价值。

这三个词成了我人生中明确目标时的必备项目。每天晚上我躺在床上，入睡前，我会问自己："今天我认真生活了吗？今天我去爱别人了吗？今天我产生价值了吗？"20 多年来，我每天晚上都会问自己这几个问题。事实上，并不是每天晚上我都能响亮地说出三个"是的"。和所有人一样，我也有不如意的日子。但当我能给出肯定回答的时候——当我目标明确，处在正轨上的时候——我睡得最香。这个简单的练习帮助我明确的内容比我做过的任何练习都多。现在，我依然戴着刻着这三个词的手环。虽然我已经不需要这个手环，也不需要再问自己这些问题了，但我还是坚持这样做，因为这种做法能让我明确自己的目标，帮助我保持在正轨上。

这与我要对凯特进行的指导是类似的。她的身份练习陷入了停滞。**她很长一段时间都没有想象出一个更好的自己了，因为她已经做得很好了。**

于是，在一节指导课上，我让她描述过去几周不同情况下的自己：在家里的时候、和孩子们玩耍的时候、在工作中做汇报的时候、和朋友们交流的时候以及和迈克过二人世界的时候。之后，我让她再描述一遍，这一次要描述在这些情况下表现得更好的自己。她开始意识到，自己过去几周的状态和她想象中未来几年后自己的样子完全不同。在发现这种差异之后，任何人都会醒悟过来。

接着，我让她用三个能激励自我的词描述未来的自己。她的答案是"鲜活""有趣"和"感恩"。这三个词听起来和"敷衍了事"都没有关系，而最近她一直觉得自己处于这种状态。这个活动对她来说很简单，但是很有启发性。有时候，正是简单的思维过程重置了我们的关注点。总体上看，凯特还是很自信的，但问题是她不再设想自己要成为什么样的人了。她如今面对的不利现状就包括缺乏愿景和热情。因此，我让她把这三个词在手机上设为提醒，每天设定三次，也就是说，每天闹钟一响，凯特就会在手机上看到这三个词，以此来提醒自己她是谁，能成为什么样的人。

现在轮到你了。

■ 描述一下在过去几个月里你认为自己在下列情况中是什么样的 —— 和另一半在一起的时候、工作的时候、和子女或团队成员在一起的时候以及和陌生人社交的时候。

■ 现在问问你自己："我希望未来的自己是那个样子吗？"未来的自己是什么样的？那时你会有什么感受？你在那些情况下会有哪些不同的表现？

■ 如果让你说出三个能激励自己的词 —— 能总结出未来最好的自己的词 —— 你会用哪三个？为什么这三个词很重要？一旦你想好了三个词，把它们设置成提醒，多设几次。

社交

高效能人士也很清楚他们要如何与他人交往。他们有很强的情景意识和社交智慧，这些意识有利于他们获得成功，领导他人。社交能力在任何时候都很重要。他们不仅知道自己想成为什么样的人，而且知道自己想如何与他人交往。

如果这一点听起来像老生常谈，那我们就来看看你有没有做到。

■ 你上一次去开会之前，是否想过要怎样和会上的每个人交流？

■ 你上一次打电话之前，是否想过自己要用什么样的语气和对方说话？

■ 你上一次和伴侣或朋友出去的时候，是否考虑过你希望与对方创造出怎样的氛围？

■ 你上一次和人发生冲突时，是否审视过自己的价值观，是否考虑过你希望用怎样的方式与对方沟通？

■ 你是否主动想过要如何成为一个更好的听众，面对他人时如何产生积极的情绪，如何才能成为一个好榜样？

这样的问题或许会帮你审视自己，衡量自己的目的性有多强。

我发现，在和他人交流之前，高效能人士还经常会问自己如下几个重要问题：

■ 在接下来的谈话中，我如何能做个好人或是好的领导者？

■ 对方需要什么？

■ 我要用什么样的情绪和语气去交流？

这里有一些有趣的发现。我们让高效能人士用几个词来描述他们最好的人际沟通体验时，他们经常提到的词包括体贴、感恩、尊重、开放、诚实、有同理心、有爱心、关怀、和善、全神贯注和公平。我们让他们用三个词概括他们最希望如何被他人对待时，高效能人士最看重的是得到尊重和感恩。

在我们和高效能人士的谈话之中，尊重一词多次出现。他们希望能够得到尊重，也希望能够尊重他人。对他们来说，尊重在他们人生中的各个领域都很重要，包括在家中。我们做了一项实验，调查了200对结婚至少40年仍然幸福的美国夫妇。我们发现，在他们之中，排在第一位的价值观和优势就是尊重。导致离婚的四种最糟糕的行为——互相批判、互相防范、态度轻蔑和拒绝沟通——总是让人感到攻击性，就是因为这些行为带有轻视和不尊重的意味。

高效能人士的一个显著特点是，他们会预测积极的社交方式并有意识地不断努力进行积极的社交。

这是我们发现的一个共性。高效能人士和他人的交流并不是无意识的，而是有目的性的，这有利于他们提升表现。

在他们展望未来的时候，很显然，他们也思考过社交生活的宏观图景。他们会思考希望以何种方式被人们记住 —— 他们思考过自己的性格和能留给对方的积极印象。高效能人士思考的不只是这一天、这场会议、这个月的待办事项与义务。他们会不停地思考这个问题："我希望我爱的人和服务的对象怎样看我？"

指导凯特的时候，我总是很清楚她非常重视和爱她的家人。可是，她总觉得自己经常同时在做很多事，所以没能像自己希望的那样全心全意地陪伴家人。有一次，她说："我觉得他们应该从我这里得到更多关心，但我不知道我能不能给他们那么多。"你知道问题在哪儿吗？当你总感到左支右绌、筋疲力尽的时候，你其实没有考虑到未来。你只是试图度过今天，因此你开始失去清晰的目标，不知道未来该如何与家人和同事交流。

这是成功者常见的痛苦。他们想要成为更好的伴侣和父母，却感到疲惫。他们犯了和凯特一样的错误。凯特一直认为她需要更多时间来成为一个好妈妈和好妻子。她总想着，自己总有一天会成为理想的母亲和妻子。但是你我都知道，"总有一天"意味着"永远不会"。为了帮助凯特改变并改善她的人际关系，我让她提前想象她和别人的交流情景，然后每天按照她的想象去实践。她不需要更多时间，也不需要再等一天。社交和数量无关，而和质量有关。所以我让凯特尝试以下活动，我建议你也试一试：

■ 写下你的直系亲属和直接管理的团队中每个人的名字。

■ 想象一下，20 年后，他们每个人都要描述为什么爱你并尊重你。如果他们每个人只能用三个词来总结你们的关系，你希望这三个词是什么？

■ 下次你和他们在一起的时候，把和他们在一起的时间当作一次展示这三种品质的机会。把这三种品质当作目标，然后开始培养这三种品质。现在，挑战自己，成为那样的人。这会让你的人际关系重新焕发生机。

我一直对凯特说：当你拥有清晰的、有说服力的目标时，"敷衍了事"几乎是不可能的。

技能

接下来我们发现，高效能人士很清楚自己当前需要发展哪些技能才能赢得未来。当你问他们"为了明年更成功，你们现在正在发展哪些技能"的时候，他们不会大脑一片空白。

我给《财富》杂志 500 强企业的高管做咨询时，让他们打开自己的日程表，告诉我他们未来几天、几周和几个月的安排。结果是，HPI 得分较高的高管已经在日程表上安排了学习任务，而他们得分较低的同事已安排的学习日程较少。在高效能人士的日程中，可能有一个小时安排了一节在线课程，一个小时安排了培训项目，一个小时安排了阅读，还有一个小时安排了他们打算学到精通的爱好（钢琴、语言、烹饪等）。很显然，把这些安排联系起来的是想要发展具体技能的愿望。其中，在线课程的主要内容是如何编程或如何更好地管理财务；培训项目的重点是发展聆听技能；阅读有助于培养他们一直试图掌握的一项具体技能，例如战略、会议中的倾听或表达能力；爱好是他们最重视的事——他们这么做不仅是为了让自己快乐，而且是在主动掌握一项他们可以精通的技能。

高效能人士与其他人最大的区别是，高效能人士还在培养有利于促进被我称为他们"最感兴趣的领域"（primary field of interest, PFI）内的能力发展的技能。他们不是毫无目的的学习者，他们致力于发展自己的热情和兴趣，会设定活动或日常安排来发展这些领域内的技能。如果他们热爱音乐，他们就会找出自己想学的那类音乐并开始学习。他们最感兴趣的领域很具体。他们不会只说"音乐"，就试着去学各类音乐 —— 弹吉他，加入管弦乐队或合唱团。打个比方，他们会选择一种五弦吉他，请一位专业老师，然后确定上课和练习的时间。在课上，他们更注重培养技能，而不是随意探索。换言之，他们知道自己的热情所在，然后便会设置时间学习技能，把热情变成专业。也就是说，高效能人士是按照专业人士的标准，而不是按照通才的标准去泛泛学习的。

　　既然你现在对我的工作已经有了一些了解，我就用我的职业来举例说明吧。刚开始，我是一家全球咨询公司的变更管理分析师。那时候，我刚刚硕士毕业。在工作的前 6 个月中，我的工作方式和大多数同事一样：像个通才一样工作。我想了解公司、客户和世界上的每一件事。这是新手都会做的事。

　　但是我很快发现，很多同事都有专攻的具体领域。我如果想在8000 多名员工中立足，就必须赶快发展一项技能。于是我选择了领导力，这也是我在硕士阶段的专业。我想发展的具体技能是了解如何为领导者及其团队设置课程。领导力是我最感兴趣的领域，课程设置是具体技能。我申请或设计相关项目。于是，我的事业飞速发展。

　　当我离开公司，成了一名全职作家和培训师的时候，我做了类似的决定。我制订了自己的 PFI 个人发展计划。但是上千位作家、博主、演说家和培训师也做了同样的事，我如何才能脱颖而出？我意识到他们中大多数人缺乏的不是和主题相关的技能，而是营销他们选择的主题的技能，我也面临同样的问题。个人发展永远是我的热情所在，我已经花了大部分时间来研究心理学、神经科学、社会学和行为经济学知识了。我对这些领域十分着迷。所以我不需要把更多的关注放在这方面，而需要把更多的注意力放在打造品牌上。于是，我做了一个巨大的改变：我开始营销我的 PFI。

这对我来说是一个具有重大意义的决定，因为我在营销方面完全没有天赋、没有技巧也没有背景。但是我把它视作开启我全新职业成功之门的钥匙。于是，我开始钻研技能。我没有像通才那样专注于和营销相关的每一项技能，就像过去在公司时我不曾专注于和领导力有关的每项技能一样。我把注意力集中在邮件营销和视频制作上。我参加了这两方面的在线课程，也参加了相关的研讨会。我雇了一位教练。我的日程表被学习这两项技能的任务填满。我花了 18 个月的时间，几乎把所有注意力都投入了学习和尝试与邮件营销和视频制作有关的新事物上。我具体学习了抓取邮件和每周给订阅者发送一封附有我博客上精选视频训练的新邮件的技巧。我还学会了如何把我所有的视频放到一个线上会员专区，让人们付费观看。

18 个月后，我发现自己获得了成功，成了在线教育的先锋。上千人注册了我的网上课程，有些课程价值超过 1000 美元。业内许多人认为我施展了某种魔法，还有人认为我是网络营销天才，但这些猜想都不是真的。我只不过是着眼未来，预测到了未来几年内在这个行业获得成功的原因，之后对我的活动进行调整，来发展获得成功的必备技能。道理虽然很简单，但是很有力量。

着眼未来。找出关键技能。全神贯注地发展这些技能。

听起来很简单，但在当今世界，我们总是不断分心，不够主动，因此这个道理成了失传的艺术。我们忘了要发展自己的人生"课程"——即使是站在最高点的人也有这种需要。我记得我曾有幸与奥普拉·温弗瑞和她的管理团队谈话。在发现高效能人士会打造自己的课程的那一瞬间，我顿悟了。我记得当时让我惊讶的一件事是，当我完成培训课程的时候，奥普拉的团队从我说的所有话中选了这样一句来总结我们的课程："如果你的发展缺乏规划，你永远都会是个平庸的人。"

我希望你能明白：无论当前的表现如何，你都必须把明确在下一阶段获得成功必备的你最感兴趣的领域和技能摆在首位。

重新唤起你的热情，制定框架来培养更多与热爱相关的技能是做出改变的关键。凯特认为自己在敷衍了事，这就是帮她消除这种感受的方法之一。我们花时间讨论未来 10 年里，她如果想在最感兴趣的领域内获得成功，需要具备哪些因素。我们发现，她可以学习和所在行业相关的新技能。凯特报名了几门课，在工作上找到了一位能帮助她学到更多的导师，之后，她给我发了这封邮件：

> 我发现了一件令人惊讶的事。在我职业生涯中的某些时刻，我的工作做得顺风顺水，于是我就忘了自己多喜爱学习新鲜事物。我不再关心自己未来需要学什么了。但是今天，我完成了一门在线课程，我无法形容这件小事给我带来了多大的成就感。这就像又一次高中毕业一样。对未来的乐观精神重新回到了我的人生中，因为学习开阔了我的视野，让乐观再次发挥作用。我不敢相信，对自己的感受做出改变就像重新开始学习一样简单。

你可以追随凯特的脚步，试试这些内容：

1. 想一想你的 PFI，然后写下三个能让人们在那些领域内获得成功的技能。

2. 在每个技能下面写下你会做哪些事情来发展这项技能。你会阅读、做练习、找一位教练还是参加培训？制订一个发展这些技能的计划，把它写到你的日程表里并坚持下去。

3. 现在再想一想你的 PFI，然后写下三个能让你在未来 5～10 年在那些领域内获得成功的技能。换言之，试着展望一下未来。那时你会需要哪些技能？把那些技能记在心里并马上开始培养，而不是拖延下去。

服务

　　凯特觉得自己已经很久都没有带来改变了。她失去了服务他人的精神，因此她开始觉得，自己在工作中只是敷衍了事。虽然什么事情都没变，但她开始觉得自己每天都在做一系列空泛的任务。具体来说，虽然她在工作中是一位优秀的领导者，而且她确实在领导团队时感到自己在为他人服务，但她和最终受到自己工作内容影响的人群——她的客户——失去了联系。

　　事实上，凯特已经很多年没和任何一个客户联系过了。她成为一家大型企业内部事务的高管后便远离了第一线，也远离了企业真正服务的对象。于是，她开始每个月拜访一次客户，认真听他们说话，询问他们未来希望从她的公司得到什么。很快，她对工作的热情重燃了。

　　在未来的四件事中，排在自我、社交和技能之后的最后一件事与高效能人士如何看待世界和自己为世界提供的服务有关。具体而言，高效能人士非常关注自己未来能为他人带来哪些改变，因此他们会做好当前的事，用心而优雅地做出贡献。这听起来可能像是一种宏观描述，但这就是高效能人士说的话。他们经常表示，自己今天付出的所有让人们感到惊讶的额外努力，对于在未来留下长期积极的影响至关重要。因此，对多数高效能人士而言，待人接物、处理工作时的细节至关重要。高效能的服务生很在意桌子摆放是否整齐，位置是否准确，不只是因为这是他们的工作，更是因为他们在意顾客的整体体验以及人们现在和未来会对餐厅做出怎样的评价。非凡的服装设计师很关注风格、剪裁以及服装的功能，不只是因为他们想设计出高销量的应季产品，而是因为他们希望发展出忠实的品牌粉丝，服务于更宏观的品牌愿景。下面这个问题传达出的对未来的关注，体现了上述事例的共同精髓——我怎样才能给他人提供优质服务，为世界做出非凡的贡献？

　　反例很容易找到。

当一个人不再考虑未来和自己对未来的贡献时，他们就会表现不佳。

没什么事能让他们对明天感到兴奋，所以他们不再关注今天的细节。因此，领导者要注意，不断让员工参与到讨论未来的谈话中是至关重要的。

哪些事情会给你的服务对象带来最大的价值？这是高效能人士痴迷的问题。我不会轻易用"痴迷"这个词。在采访中我们发现，高效能人士会思考很多关于服务的问题：如何创造价值，如何激励周围的人以及如何做出改变。他们对这个领域的关注可以概括为对重要性、差异和优秀的思考。

关注重要性意味着需要排除不重要的东西。高效能人士不会活在过去，也不会把最喜爱的项目摆在最前面。他们会问："现在什么最重要，我怎样才能提供这项服务？"关注差异让高效能人士审视他们的行业、职业以及让他们与众不同的人际关系。他们希望能凭自己的能力脱颖而出，和其他人相比创造出更多的价值。优秀则来自内在标准："我怎样才能提供超出人们预期的服务？"对高效能人士而言，"如何提供优质服务"或许比其他问题都重要。

再来看一个鲜明的对比：低效能人士更关注自我，而非如何服务。他们会花更多的时间思考"我现在想要什么"而不是"我的服务对象现在想要什么"。他们会问"我怎样才能付出最少的努力完成任务"而不是"我怎样才能提供优质的服务"。低效能人士会问："为什么人们看不到我独特的优势？"而高效能人士会问："我怎样才能提供独特的服务？"

在本章最后，你会得到一张把未来的四件事列在一起的表格。现在，我要向你介绍一个名叫"表现要点"的部分，它对本书中的每一个练习进行了总结。这些要点都是完整的句子，总结了不同的练习活动，有利于让你对正在学习的重要理念进行进一步的反思。我强烈建议你把这些要点分别记录下来，并一一完成。如果你需要能写

下所有提示之后还有足够空白来做笔记的配套工作手账，可以访问
HighPerformanceHabits.com/tools。

　　无论你是用工作手账还是日记本自由地记录自己的想法，我都建
议你坐下来，写下你人生中想要的东西。没有目标就没有发展。没有
明确的目标就不会有改变。

表现要点：

　　1. 当我想到未来四件事 —— 自我、社交、技能和服务 ——
时，我认为我在 _____ 方面的目的性还不够强。

　　2. 在 _____ 方面，我还没有对我服务和领导的对
象进行过思考。

　　3. 为了留下长久的积极影响，我从现在开始要在
_____ 方面做出贡献。

练习二：明确自己需要的情绪

> 别问这个世界需要什么。而要问什么事情能让你活跃起来，
> 然后去做这件事。因为这个世界就需要活跃的人。
>
> —— 美国作家霍华德·瑟曼（Howard Thurman）

　　第二个能帮助你在生活中提高并保持明确性的练习是不断问自
己："我希望给目前所处的情况带来怎样的感觉，以及我希望在这里体
验到怎样的情绪？"

　　很多人不擅长做这件事，特别是低效能人士，他们很容易忽视自
己正在经历或希望在人生中体验到的感觉。他们误打误撞进入了不同

的环境，让周围的环境决定了他们的情绪。正是因此，他们的自我意识很弱，自控力也很差。

高效能人士的情商很高，他们还具备被我称为"有意识感觉"的能力。在需要表现的情况下，他们能准确地描述自己的情绪，但更重要的是，他们还能改变这些情绪的意义，明确自己想要保持下去的情绪。

我举例说明一下。我曾指导过一位奥运短跑运动员，那一年他获得了所参加项目的冠军。但在之前几年，他的表现常常不稳定，有时能获得冠军，有时进不了资格赛。当我接到电话，承担指导他的任务的时候，他的巅峰状态已经维持一年了。我们第一次上课的时候，我问他："如果我让你用三个词形容一下你现在为什么能表现这么好，你会用哪三个词？"他说："情绪、情绪、情绪。"

当我让他解释的时候，他说："在走上跑道之前，我非常清楚我的大脑和身体需要什么情绪。我知道我在起跑器前做准备、跑步过程中、冲过终点线甚至从运动员通道返回的时候都需要什么样的情绪。"

我问他这是否表示他能掌控自己的感受，不再产生焦虑表现了。他大笑着说："不是。当我在起跑器前做准备的时候，我的身体仍然能感受到所有的能量——我的身体能自然地感知到有什么危险，我会产生一种【害怕的】感受，无论发生什么，它都在。但我感受不到焦虑。我能决定自己的情绪。我告诉我自己，我感受到的是一种准备好了的、激动的情绪。"

我听过很多高效能人士以不同的方式描述这个练习。他们在任何时刻都能感受到自己的状态，但他们通常会忽视这种感受，自己决定想要有的情绪。

我们先来区分一下感受和情绪。虽然研究人员对感受的定义有不同的意见，但大多数人还是赞同感受和情绪是两回事的观点。感受通常源自本能。一个触发事件——可以是外部情况，也可以是我们的大脑预测到的某件事 —— 会导致害怕、开心、难过、生气、放松、爱意等情感反应。通常，情感反应都是无意识的。我们只是突然产生了这种感受，因为大脑告诉我们发生了某事，并赋予了这件事意义和情感。大多数时候，大脑是根据我们之前遇到同样情况时产生的感受进行引导的。这并不意味着我们知道自己所有的感受，或者我们不能有意识地激发某种感受。打个比方，当你的孩子冲你笑的时候，你的内心可能会非常愉悦，但是你之后有意识地回忆起孩子的笑容而非真的看到他／她的时候，也能产生快乐的感受。尽管如此，我们在人生中的绝大多数感受还是自然的、生理性的。

　　情绪是感受的精神写照。虽然这不是一个准确的表述，但把它用在这里，可以清楚地阐述我们想表达的含义：多数情况下，人们会把感受视作一种反应，而情绪是一种解读。就像在刚才我提到的短跑运动员的例子里，恐惧的感受会出现，但是你没必要感到害怕，然后逃跑。你可以产生突如其来的恐惧感受，但是下一刻，你要选择平复情绪。当你"让自己平静下来"的时候，你就选择了一种不同的情绪，而非让主动出现的感受控制你。在上场之前，高效能人士会思考的是，无论出现什么感受，他们都能体验到想体验的情绪。他们会预测与感受无关、他们在离场时想体验到的情绪。之后，他们会进行自我控制，来实现这些目标。

　　我们再通过另一个例子看看这个练习是如何发挥作用的。假如我正在开会，会议上的人们突然开始争吵。此时，我可能会立刻产生恐惧、生气或难过的感受。我可能会出现以下反应：心脏开始狂跳，手心开始出汗，呼吸变浅。这些感受很快会引发害怕或焦虑的情绪。在了解这些内容之后，即使我会出自本能地产生这些感受，我也能控制自己，在会议中产生不同的情绪。我可以告诉自己，这些感受是在提醒我关注他人、维护自己或对他人怀有同理心。我不能让这种感受引发害怕的情绪，不要多想，深呼吸，在选择保持警惕的同时还要保持镇定。我可以继续深呼吸，用平稳的语调说话，以舒服的方式坐在椅子上，用积极的眼光看待会议室中的每个人，成为风暴中的镇定力量——以上所有选择都会带来一种新的情绪，与之前"出现"的感受完全不同。

不要听任本能感受占领主导位置。我的情绪要由我掌控。

长此以往，如果我选择制造自己想从感受中获得的情绪，大脑就会习惯新的情绪。恐惧不再是一件非常糟糕的事情，因为大脑知道我能处理好恐惧的感受。某种感受出现后，我会产生的情绪发生了变化，这一变化能反过来改变原本会自然出现的感受。或许，我还是会产生恐惧的感受，但是现在，我从恐惧中体会到的情绪是我自己创造的。

感受来来去去，很多时候是即时的、本能的、生理性的。但情绪很持久，通常是不断重复的结果，是可以控制的。你会产生愤怒的感受，但是痛苦——一种持久的情绪——不一定要伴随你一生。

你可能觉得我是在做词语辨析，但我要承认，我的描述也不是完全准确的。（有关大脑和身体功能的任何描述都不可能是完全准确的，总是存在差异，因为任何想法或情感都不是一座孤岛——我们的感觉和目的在庞大的神经网络中交互、重叠。）**我在这里分享这一点，是因为很显然，高效能人士往往更能制造出他们想要的情绪，而不是接受自然产生的感受。**当高效能的运动员说他们正在找感觉的时候，他们的意思是正在有意识地集中注意力，让自己产生进入状态的感觉。进入状态不是会随便出现的——运动员通过有意识地减小干扰，沉浸在他们正在做的事情当中，来让自己进入状态。对专业运动员和各行各业的高效能人士而言，"心流状态"是他们选择的情绪。这种情绪需要召唤才能出现，而不是一到大展身手的时候就会自然出现。

当我们不再有意识地控制自己的情绪时，我们就会陷入麻烦。这个世界的消极信息就有机会引发我们的消极情绪。如果不加以控制，消极信息就会带来长期的消极情绪，导致糟糕的未来。如果我们在体验人生、体会所有感受的同时还能在起起伏伏中感受到安全感、快乐、力量和爱，那么我们就做到了一件很了不起的事。当我们能够运用"有意识感觉"的力量时，我们就会觉得人生一下变成了自己希望中的样子。

而凯特却忘了这件事。她总是迷失在各种未知感受之中。她没有主动选择自己想要体验到的情绪，没有意识到自己对待感受和经历的方式，所以她变得很被动。她不仅仅是在敷衍工作和生活，她也在敷衍自己的感受，所以她再也体验不到自己想要的那种生活状态了。

我能做的是让她选择自己在不同情况下想拥有什么情绪，仅仅是这样一个目的和活动就让她的人生重焕生机、重现色彩。

从现在开始，你可以每天问自己："我今天想保持什么情绪？我该如何定义今天的意义从而体验到我想体验的情绪？"下次赴某人之约的时候，你可以想一想自己想制造什么情绪。在坐下来和孩子一起做数学题之前，你可以问问自己："在帮助孩子的时候，我希望自己保持什么情绪？我希望孩子对我、对作业、对人生产生什么样的情绪？"明确这些目的会改变你的人生体验。

表现要点：

　　1. 我最近经常产生的情绪是 ＿＿＿＿＿＿。

　　2. 我在人生的 ＿＿＿＿＿＿ 方面没有体验到我期待的情绪。

　　3. 我在人生中想更多地体验 ＿＿＿＿＿＿ 情绪。

　　4. 下次我产生消极感受的时候，我会对自己说 ＿＿＿＿＿＿。

练习三：定义何为有意义的事

> 不幸福是不知道自己想要什么，并为此把自己逼上绝境。
>
> —— 美国漫画家唐·赫尔罗德（Don Herold）

高效能人士几乎可以完成他们下定决心要做的每一件事。然而，并不是所有高山都值得攀登。高效能人士的不同之处在于他们有批判性的眼光，能辨别出哪些事情对他们的人生体验是有意义的。他们会花更多时间去做自己认为有意义的和让自己感到幸福的事。

没有过上想要的生活，不是因为我们缺乏力量。真正原因是我们不够果断，没有值得为之努力的事，没能找到动力和让自己大步向前的雄心壮志。我们为了过上有意义的生活而努力奋斗，这是与心理健康密切相关的主要因素之一。

但是，我们所说的意义是指什么？

大多数人说自己的"工作有意义"时，通常指的是：（1）他们很享受工作中的任务；（2）他们的个人价值观和工作一致；（3）他们对工作结果感到满足。

研究人员定义对人们有意义的事情时，关注的是你认为一项活动对你而言有多重要，你在这件事上花了多少时间，你在这件事上下了多少功夫，你多在意这件事，以及如果工资很低你是否还会去做这件事。研究人员想要明确你如何看待自己的工作，你是把它看作一份工作还是一项重要的事业，抑或你的使命？他们通常认为明确的目的与人生的意义有关。

高效能人士是以同样的方式找到意义的吗？我们随机挑选了 1300 位 HPI 得分位居前 15% 的参与者，问了他们以下问题：

■ 你如何判断自己在做有意义的事情？

■ 做有意义的事情的感觉是什么样的？

■ 如果你不得不在两个不错的项目中选一个的话，你会如何选
出那个对你而言更有意义的？

■ 你怎么知道你做的某件事不会给你的人生带来任何意义？

■ 在人生结束的时候，你怎样确定自己的一生是否有意义？

由于这些都是开放式问题，我们梳理了所有回答来寻找规律。我
们发现，高效能人士认为四个因素是有意义的。

第一，高效能人士认为热情是有意义的。打个比方，当他们不得
不在两个项目中二选一的时候，很多人都会提到他们会选择自己最热
衷的事。这个发现和研究发现相符。研究结果表明，单凭热情这一点
就足以获得人生满足感、积极的情感、较少的消极情绪、对环境的掌
控、个人发展、自我接纳、人生意义、参与感、积极的人际关系、意
义和成就。很显然，如果你想获得积极的人生，就要尽量激起更多的
积极情绪。正是这些发现促使我每天早晨洗澡的时候问自己下面这个
问题："今天有哪些事能让我感到激动或充满热情？"这个简单的问题
改变了我开启每一天的方式。你也可以试一试。

第二，高效能人士认为联系是有意义的。在社交方面很孤立的人
表示他们的人生失去了意义。社会关系，特别是我们和最亲密的人之
间的关系，是最常见的人生意义之源。

和其他人一样，高效能人士很重视他们在生活和工作中的人际关
系。但有一点特殊，那就是对高效能人士而言，这些关系往往和人生
意义相关，在工作中尤为如此。多数情况下，更好的关系带来的是挑
战，而不是舒适感。换言之，当高效能人士处在一个极富挑战性的团
队中时，他们会认为工作更有意义。在日常生活中也是如此，他们认
为在能推动他们更快发展、激励他们的人身边比在有趣或友好的人身
边更有价值。

第三，高效能人士认为满足感是有意义的。如果他们正在做的
事情给他们带来了个人满足感，他们就会觉得人生更有意义了。明确

"满足感"是什么和明确高效能人士如何定义"有意义"一样困难。但高效能人士有一个明确的等式，说明了什么能给他们带来个人满足感。当你努力做自己最热爱的一件事，且你的努力能带来个人成长或职业发展上的进步，同时能给他人带来明确且积极的贡献，你就会认为自己的努力能带来满足感。

热情 + 发展 + 贡献 = 个人满足感

其他研究人员还发现，安全、自主和平衡对带来满足感，特别是工作中的满足感也十分重要。

第四，高效能人士认为让自己觉得人生"有意义"这件事是有意义的。心理学家称之为"一致性"。也就是说，你的人生故事 —— 或者生活中最近发生的事情 —— 从某种意义上说，是你认为有意义的事。

对高效能人士而言，这种一致性似乎非常重要。他们想知道自己的努力很重要，自己的工作很重要，自己正在创造一项遗产，正在实现更大的目标。

通常，比起自主和平衡，高效能人士更希望自己做的事情有意义。如果他们察觉到自己正在做的事情很有意义，而且会带来更大的价值，他们会把自己的控制欲或平衡工作与生活的愿望放到一边。

当然，我们要进行更多的调查研究来明确高效能人士是如何看待意义的。我和我的团队做的研究帮我们开了个好头。下面这个等式或许对你有帮助：

热情 + 联系 + 满足感 + 一致性 = 意义

并不是所有因素同时发挥作用时我们才能找到意义。有时候，你看着孩子走过房间，或是你完成了一个重要的报告，就会感受到意义。一个美好的约会之夜或是成功举办一次会议午宴也会让你的人生充满意义。

关键是要更关注你认为有意义的事情，并坚持下去。你可以从探索自己对意义的定义和提升人生意义的方法开始。当你明白了消磨时

间的工作和一生的事业之间有什么差别时，你就迈出了实现目标的第
一步。

表现要点：

1. 我现在做的事情中，最有意义的事情是 _____ 。

2. 我不能再做 _____ 活动或项目了，因为这些事情没有任何意义。

3. 如果我要增加几项更有意义的新活动，我首先会做 _____ 。

组合练习

> 人生的意义是你赋予它的一切。
>
> —— 美国比较神话学家约瑟夫·坎贝尔（Joseph Campbell）

你必须有对自己未来的愿景。你必须知道自己想产生什么情绪，以及哪些事情对你来说是有意义的。如果没有这些练习，你就没有理想，没有要为之奋斗的事业，生活中也就没有鞭策你不断前进的动力和热情了。

本章中，我们介绍了很多内容。该如何对明确目标的练习进行组合才能既保持练习强度，又让你坚持下去？

我建议你尝试我让凯特做的事情。还记得吧？凯特认为自己对工作、感情和人生都在敷衍了事。她非常优秀，不需要再努力了。她忘记了要关注未来，要有伟大的目标，因此她虽然非常忙碌，但是没有感到满足，这让她感到迷茫。为了帮她重新找到方向，我让她养成一个思考的习惯，这个习惯涉及你在本章中读到的所有练习。我给了凯

特一个名为"目标明确表"的工具。这是个一页长的日记表格，我让凯特每周日晚填写表格，坚持 12 周。在本章末尾，你会看到这个表格的部分内容，你可以去 HighPerformanceHabits.com/tools 下载完整版。

当然，你不必每周都填一份表。（你不必完成我建议你做的每一件事。）但我保证，这件事会给你带来帮助，哪怕你每周的回答变化不大。如果我们把这些观念有意识地放到大脑的仪表盘里，就会获得明确目标，从而实现高效能。或许你此前也考虑过本章中提到的观念，但我们的目标是让你比以前更持久地关注这些事情。这样才能带来改变。越专注就越明确，越明确也就坚持得越久，最终就能实现高效能表现。

目标明确表

自我	社交
形容你最佳状态的三个词是： _____ _____ _____ 本周我可以通过做_____来体现这三个词。	我希望自己对待他人的方式可以被概括为如下三个词： _____ _____ _____ 本周我希望改善和_____的关系。
技能	**服务**
目前我最想发展的五个技能是 _____ _____ _____ _____ _____ 本周我可以通过_____的方式来练习这些技能。	本周我可以通过三种简单的方式给我周围的一切创造价值。这三种方式包括： _____ _____ _____ 本周我可以全心全意地拿出最佳状态，通过做_____来帮助别人。

（续表）

关注自己的感受 本周，我希望在生活中、人际关系方面以及工作中感受到的主要情绪包括_____，我希望通过_____产生这些情绪。
定义有意义的事 为了给我的人生带来更多的意义，我能做的事包括_____。

高效能习惯 2
激发能量

世界属于精力充沛的人。

——美国思想家拉尔夫·沃尔多·爱默生

（Ralph Waldo Emerson）

- 释放压力，设定目标
- 制造快乐
- 提升健康水平

"照这么下去，我最终会崩溃，甚至可能会死。"

阿尔琼笑了笑，不自在地在椅子上挪了挪位置。"那我付出的一切就没有任何意义了。"

他看起来像是几个月都没睡觉了。他面部凹陷，无神的眼睛里布满红血丝，并不像去年登上商业杂志封面时那么活力四射。

我装作很惊讶的样子，说："哦，会死。你认为'最终'会是什么时候？是下周？今年？还是明年？"

"我不确定。但别告诉任何人。"

能告诉我这些话，他很勇敢。谁都不愿意承认自己在走下坡路，特别是在硅谷，永不停歇地工作是一种荣誉勋章。这里有很多年轻又聪明的工作狂，大量的咖啡因和几年之内要成为亿万富翁的梦想是他们的动力之源。

6个小时前，一个朋友给我打电话，问我能不能和阿尔琼一起开个电话会议，把我介绍给他。我们在电话中寒暄了几句，两个小时之后，阿尔琼的私人飞机就来接我了。现在我正坐在阿尔琼位于旧金山附近的办公室的玻璃会议室里。现在是凌晨三点，这栋大楼里只有我俩。有些成功者只有在午夜之后才会放下戒心。

我不是很确定他为什么用飞机把我带到这儿。在电话中，他只是说事情紧急，认为我能给他提供帮助。我本来也希望有一天能见到他，于是就答应了。

"出什么事了？"我说，"我猜你用飞机把我接到这里不是让我来扮演一个妈妈的角色，叮嘱你多多休息吧？"

他笑了，向后靠到椅背上，说："不。当然不是。我知道我应该多休息。"

"但是你并没有休息。"

"我会休息的。"

我以前听过像是"总有一天我会更好地照顾自己"这样的话。"现在我必须忙起来，"他们都这样说，"必须去建设。必须去征服世界。"

"阿尔琼，你说的是假话。但是没关系。事实是你不会停下来。你会像过去 15 年那样疯狂工作。你不会崩溃，你只会感到非常痛苦、非常糟糕。某天醒来，你会比现在更有钱、更成功，但是你会觉得这不是自己想要的人生。那个时候你也不会崩溃。但是你会做一个糟糕的、突然的决定。你会辞职不干，或者会失败。你会发现让你失望的不是你的大脑和身体，而是你做的决定。但我猜你已经知道这些了。"

"没错。"他回答，然后把左边衣袖卷起来。他指着一个针眼对我说："别害怕，我没有吸毒。我在注射迈尔斯维生素和矿物质混合剂。这个混合剂里有很多维生素 B 和其他营养物质。可能没什么效果，你知道的吧？"

我没有做出任何反应。到目前为止，我见过人们采取各式各样的办法：在绝望的时候，为了重新振作起来，人们会用上各种速效药、处方药和流行偏方。当人们需要优势的时候，他们往往会从外部找起。

"阿尔琼，你觉得什么能见效？你是个聪明人，或许已经知道答案了。我很尊重你，所以不想浪费你的时间。现在是凌晨三点。你为什么会让我来这里？"

"我想找回自我感觉良好的状态，我不想再这么情绪化了。我不想感到疲惫。我觉得，肯定有在获得成功的同时还能感受到幸福的方式，人们说这不是不可能的事。可以肯定的是，我 40 年都没找到这个方法，但是我知道你肯定有办法帮我。"

"你怎么知道我有办法？"

阿尔琼卷起了右边的衣袖。他举起手腕，给我看他戴着的皮质手环，上面刻着我说过的一句话。他用手指用力地按了按手环，对我说："老兄，我想再次拥有这句话所说的一切。"

"你从哪儿拿到这个的？"

"我妻子给我的。这件事说起来有点儿丢人，但我还是要告诉你。我和我妻子之间出了点儿问题。她去参加了你的活动。现在她像变了个人。她说这是给我买的，因为我需要它。因为我们需要它。"

"她说得对吗？"

他叹了一口气，站起来，环视他的办公室，对我说："当我心情低落的时候，我没法让我们……让这里的所有人进步。我的能量正在消亡。我的团队能察觉到这件事。我不快乐，但是我不想再不快乐下去了。"

那个皮质手环上刻着的那句话是"带来快乐"。

能量的基础要素

> 能量是永恒的快乐。
>
> ——英国诗人威廉·布莱克（William Blake）

你猜得没错，获得长期成功需要大量的能量。高效能人士拥有神奇的三重能量——这一综合能量包括积极而持久的精力、体力和情绪活力，这是让他们在人生诸多领域都能表现良好的核心力量，也是高效能人士更加热情、耐力更久、动力更足的原因。如果你能发掘出潜藏在体内的三重能量，你就拥有了整个世界。

在高效能研究中，我们衡量能量的方式是，让参与者按照 1 ~ 5 分的标准对一些表述根据自己的情况进行评分，例如：

▨ 我的精神耐性很好，可以一整天不走神，保持全神贯注。

▨ 我的体力不错，足够支撑我完成每天的目标。

▨ 总体来说，我感到快乐、乐观。

我们也测评了反面的表述，例如：

▨ 我大脑反应迟钝，十分混沌。

▨ 我常常感到身体很疲惫。

▨ 我经常产生负能量和消极情绪。

大多数人认为能量就是体力，但是你会发现，能量不仅仅包括体力，精神状态和积极情感也很重要。事实上，这三者都和高效能表现有关。当你在书里看到我用了"能量"一词的时候，你要知道它指的是精力、体力和情绪活力。

你或许很清楚我们在这方面研究的重点是什么：能量不足会导致你的 HPI 总分较低。但是你应该重视我们的发现中的一些细节：

你的能量越低……

▨ 你就越不幸福

▨ 你就越缺乏挑战的热情

▨ 你就越会认为自己不如同事成功

▨ 你面对困境的时候就越缺乏自信

▨ 你能带给他人的影响就越小

▨ 你好好吃饭或锻炼身体的可能性也就越小

因此，能量不足不仅会妨碍你的整体高效能表现，还会影响你人生的各个领域。你会觉得不幸福。你不再接受巨大的挑战。你觉得所有人都在超越你。你渐渐丧失自信。你吃得越来越不健康。你变得越来越胖。你很难让他人信任、相信、追随与支持你。

但是当然，从另一方面看，增强能量就能改善上述一切情况。

不止这些。能量对受教育程度、创造力以及自信也会产生积极影响。这往往意味着一个人拥有的能量越多，接受教育的程度越高，在工作中想出有创造力的点子以及捍卫自己并采取行动实现梦想的可能性就越大。因此，全球的企业和学术机构都应该致力于帮助员工和学生提高能量方面的分数。

在职务方面，公司管理者拥有的能量最多——比我们测量过的项目经理、初级工人、学生或实习生、护士和其他职务都多得多。在我们控制了年龄变量之后，这个结论依然成立。我们惊讶地发现，管理者拥有的能量等同于专业运动员的能量。事实证明，你要是想成为CEO，就必须像国家橄榄球联盟的四分卫一样关心自己的能量，因为这两者需要的能量是同一级别的。

重点是，一个人拥有的能量越多，就越会觉得幸福，在最感兴趣的领域登顶的可能性也就越大。

结果还表明，婚姻有利于增强能量，就像婚姻有利于长寿一样。在我们的调查中，已婚人士比未婚人士拥有更多的能量。所以，你要告诉害怕结婚的朋友，他们认为婚姻会让人变得无趣、疲惫或情绪化的观念是错误的。

最后一点，能量和产能紧密相关。你如果希望有更多产出，不需要下载任何付费的手机应用或费尽心思地调整你的论文。这和把邮件写得再好一点儿无关，而与增强能量有关。

我指导优秀人士的个人经验证实了这一点。我经常会看到人们在建立事业的同时忘记了要关注自己的能量变化，这样的后果很严重。我亲眼见过能量不足毁掉了婚姻，把好脾气的人变成了充满压力的怪物，让公司管理者崩溃，在短短几个月内让多家公司垮掉。

几乎所有现代健康研究都证实了身体健康的重要性。"身体健康"是对充足能量的整体表述。超过三分之一的美国人有肥胖问题，导致美国人每年的医疗开支超过1470亿美元。达到了美国疾病控制和预防中心（CDC）规定的有氧运动和增肌运动最低标准的美国人只有20%左右。其他研究表明，有42%的成年美国人表示，自己在压力管理方面做得不够；有20%的成年美国人表示，自己从来不会做任何事来释放或管理压力；有20%的成年美国人表示，自己没有可以依赖的情感支持。

尽管提高员工健康水平的公司产能更高，医疗方面的花费更低，能更久地留住员工，员工也能做出更好的决策，但美国三分之一的劳动者长期在工作中感到压力，只有不到二分之一的人表示他们的公司重视员工的健康。

压力是能量和健康的终极杀手。压力会减缓大脑产生新细胞的速度，减少血清素和多巴胺（这两者对心情至关重要）的分泌，在激活杏仁核的同时降低海马体的作用 —— 让你变得疲惫不堪、记忆力减退。

即使认真读完好几本关于健康的书籍，我们对这个话题的了解也仅限于皮毛。但我想重点谈谈本章开篇描述的衡量能量的办法，看看它们是如何与个人高效能表现联系起来的。

好消息是，通过几个简单的练习，你就能增强能量，提高整体表现。你的能量不是固定的精神、肉体或情感状态。你的能量并不如发电厂的那么多。发电厂会转化并运输能量。同理，你并不"拥有"快乐，但你能把想法变成快乐或不快乐的情绪。你不必"拥有"悲伤，而是可以把悲伤转化成其他东西。

也就是说，你不必"等待"快乐、动力、爱、兴奋感或人生中的任何积极情绪出现。你可以通过习惯的力量，在任何时候按需激发能量。

和你人生中的其他领域或其他技能一样，能量也可以得到增强。以下是我见到的高效能人士用来保持优势和能量的三大练习。

练习一：释放压力，设定目标

> 人类的卓越是一种精神状态。
>
> ——古希腊哲学家苏格拉底（Socrates）

指导高效能人士的 10 年中，我发现帮助他们增强能量的最简单、最迅速、最有效的方法是教他们掌控转变。

由于不能很好地掌控转变，人们每天会失去大量的专注力、意志力和情感能量。一天结束之际，他们也失去了更久的精神耐力和身体耐力带来的好处。

什么是转变？当你每天早晨醒来，开始新的一天时，你就从休息状态转变到了充满活力的状态。一天的开始就是一个转变。

你和孩子道别，前去上班，便从家庭时间转变为通勤时间。你结束通勤，打开车门，走进办公室，则是从独处时间转变为与他人合作的时间。

在工作中，当你写好报告，去查看邮件的时候，也出现了一个转变——你从创作状态转变到了邮件状态。当一场会议结束，你走回自己的工位，坐下来开电话会议时，又出现了一个转变。工作结束，你开车前往健身房，这又是一个转变。漫长的一天结束后，你开车回家，进了家门，成为母亲或父亲，这也是转变。

你明白我的意思。每一天中都会发生一系列转变。

这些转变非常有价值——每项任务之间的自由空间非常重要。自由空间有助于你发现恢复和增强能量的最佳方法。

想一想你一天中经历的所有转变，花些时间在这里写下几个：

_____

_____

_____

_____

_____

_____

_____

_____

_____

_____

现在我要问你几个关于这些转变的问题：

■ 你是否把上一项活动中产生的负能量带到了下一项活动中？

■ 你是否有在感到很疲惫的情况下仍然继续下一项活动的经历？
即使你知道该休息一下，也没让自己休息？

■ 在一天当中，是否时间越晚，你就越容易走神，越难对生活
和其他人保持感恩？

大多数人的三个答案都是肯定的。

我认为如果改变你从上一项活动切换到下一项活动的方式，就能
让你获得新生。那么，你准备好做一项实验了吗？

从现在开始，当你从上一项活动切换到下一项活动时，可以试一
试以下方法：

1. 闭眼 1～2 分钟。

2. 在脑海里重复"放松"这个词。同时，放松肩膀、脖子、面部
   和下巴的紧绷状态。放松后背和双腿。放松大脑和思维。如果
   你觉得困难，那么你需要关注身体的每一部分，深呼吸，然后
   在脑海里重复"放松"这个词。不需要占用太长时间——重复
   放松一两分钟就够了。

3. 当你觉得自己放松了一点——但也别把人生中所有的紧张感都
   放掉！——就进入下一个阶段：设定目标。也就是说，你需要

思考自己想要在睁开眼后进行的下一项活动中体会到什么，完成什么。问问自己："我想把什么样的能量带到下一项活动中？我如何能出色地完成下一项活动？我如何做到乐在其中？"你不一定要问一模一样的问题，但这些问题会让你的大脑在下一项活动中注意力更集中。

这项简单的刻意练习能帮助你更好地管理压力，减少走神的次数。这项练习非常有用。

不相信吗？那就试试看。现在就试。你知道该怎么做。放下这本书 60 秒。呼吸。放松身体的紧张感。之后问问自己："重新开始阅读的时候我希望自己有什么感受？如何才能更好地记住本书的信息？如何能在阅读的时候更加享受？"谁知道呢？或许你会更用心地阅读，标注更多内容，为了更享受阅读过程会去你喜欢的地方读或买一杯咖啡。看看这个练习会起什么作用。

既然已经知道这个练习该如何做了，那么你可以设想把它应用到各种转变的时候。假设你马上就要回复完几封邮件了。你要做的下一件事是准备展示报告。在从一件事转变到另一件事的过程中，让自己离桌子稍微远点儿，闭眼 1～2 分钟。重复"放松"这个词，直到你感受不到紧张感，找到片刻的平静。之后设定目标，明确在做展示报告的时候你希望感受到什么，结果如何。这个练习非常简单。

我在健身前后，拿起电话给某人打电话前，给团队写邮件前，录制视频前，下车和朋友去吃饭前和走上面向两万多人的舞台前，都会做这个练习。它曾多次帮我平复焦虑，提升表现：我在走进房间接受奥普拉采访前，坐下来和一位美国总统进餐前以及向我的妻子求婚前，只能说，感谢上帝创造了这个练习！

你也可以在不同任务的间隙找到并收集新的能量。记住，暂停一会儿，闭上双眼，释放压力，设定目标。

如果你想更进一步，可以尝试一个 20 分钟的练习，叫作"放松冥想技巧"（RMT）。我已经让 200 多万人做过这个训练，来自全球各地的学员对我说，他们认为这是他们养成的习惯中对人生产生最大改变的一个。闭上双眼，身体坐直，深呼吸，在你不断默默重复"放松"一词的同时，让紧张感从你身上离开。你必然会产生一些想法，不要试图将其赶走或是进行思考 —— 不要管它们，继续重复"放松"一词。冥想的目的是放松身体和精神的紧张感。如果在这一过程中，有一个声音伴随着背景音乐指导你，效果会更好。你可以搜索一下指导冥想的音频。

无论你选择休息一下、冥想还是其他方法来应对压力，关键都是要养成一个习惯，然后坚持下去。多数冥想练习能够显著减缓压力和焦虑，提高注意力、创造力和健康水平。神经科学家还发现经常冥想的人大脑内注意力网络之间的联系更紧密，管理注意力的区域和内侧额叶区之间的关联性也会增强。内侧额叶区对保持注意力和摆脱注意力分散等认知技能而言至关重要。冥想的积极作用不仅仅体现在冥想期间，在日常生活中也很明显。一项研究发现，坚持冥想几个月后带来的积极作用（如减少焦虑）能持续三年以上。

还记得本章开头提到的成功的科技公司创始人阿尔琼吗？他不想崩溃，想在人生中获得更多的快乐。于是，那天晚上，在我们于凌晨四点半结束对话之前，在他的司机把我送回机场之前，我教给他一项练习。短短两天之后，我就收到了下面这封邮件。

朋友：

你好。

再次感谢你飞来帮我。我对我们的谈话充满感激，特别感谢你能临时赶来。我很期待继续和你合作。我还想告诉你，我获得了一次短期成功。今天晚上我开车回家的时候，尝试了你教我的放松技巧。在进家门之前，我在车里坐了几分钟。我闭上双眼，心里默默重复"放松"这个词。我觉得我最多做了 5 分钟。之后我问自己："我如何能做到进家门之后不再想工作和商业上的事情？如果我是世界上最好的丈夫，我该如何问候我的妻子？如果我知道和女儿相处的时间对她来说十分珍贵，我今晚要如何和她相处？如果我充满活力，展现出了最好的状态，我该如何走进家门？"我记不清当时所有的想法了，但是我制定好了目标，进家门后要对妻子表现出爱意，在她面前展现出我的全部活力。我要像一个焕发新生的人一样走进家门，就好像赢得了人生的彩票。你应该告诉我接下来会发生什么的，好让我做好准备，因为我妻子一时间以为我疯了。但是之后她意识到，我还是我。我女儿也发现了我的变化。我们一家度过了一个非常美好的夜晚。我不知道该怎么说，但是你把我的家人带回了我身边。她们现在准备睡觉了。我已经等不及要赶紧给你写一封感谢信了。我想让你知道，这是这么长时间以来，我第一次感到我又活过来了。我妻子说你讲课的时候会举例说明人们如何通过设定目标获得力量，现在你可以把我也算作一个例子了。谢谢你。

表现要点：

1. 每天给我带来最多压力的事情有 ＿＿＿＿＿＿＿＿。

2. 每天我提醒自己释放压力的方法是 ＿＿＿＿＿＿＿＿。

3. 如果我每天能有更多的能量，我做 ＿＿＿＿＿＿＿＿ 的可能性更大。

4. 当我每天通过这个练习重置能量之后，我希望在做下一件事情的时候感受到 ＿＿＿＿＿＿＿＿ 的情绪。

练习二：制造快乐

> 大多数人的快乐程度由自己决定。
>
> ——美国第 16 任总统亚伯拉罕·林肯（Abraham Lincoln）

我们的研究表明，快乐的心态对高效能人士获得成功而言发挥着巨大的作用。你或许还记得，快乐是定义高效能体验的三种积极情绪之一。（自信和参与感——通常被描述为投入、心流与正念——是另两种积极情感。）

因此我建议，如果你决定设一个目标来增强能量、改变人生，这个目标应该给你的日常生活带来更多快乐。快乐不仅会让你成为高效能人士，还会带来你希望拥有的其他所有积极情绪。我认为没有比爱重要的情感了，但我也认为没有快乐的爱是空洞的。

总体来说，积极情绪是美好人生最重要的标志之一——美好人生是指能量充沛且高效的人生。积极情绪越多，婚姻越幸福，收入越丰厚，健康状况越好。拥有积极情绪的学生考试成绩更好，经理能做出更好的决策，带领团队工作的效率也更高，医生能做出更好的诊断，人们对其他人也会更友好，更愿意互相帮助。神经科学家还发现，积极情绪能刺激新细胞的生长（可塑性），而消极情绪则会导致细胞死亡。

HPI 数据表明，总分更高的人和长期看比同事更成功的人比他们的同事更快乐、更乐观。同时，他们的负能量和消极情绪也较少。

采访中，谈及他们的技艺、职业和人际关系时，高效能人士表现得十分快乐。虽然高效能人士也并不享受让他们变得强大的所有艰巨任务，但是总体上说，他们对他们拥有的技能和机会感到感恩和满足。结果证实，快乐给他们带来的是能量，而非其他。如果你感到快乐，你的大脑、身体和情绪状态就会有所改善。

你是否听过"只要开始做就成功了80%"这句话？那么，如果你想成为高效能人士，你不仅要开始做，还要给自己带来快乐。

这听起来非常不错，但是万一你没有积极情绪怎么办？如果人生不快乐怎么办？如果你周围的人都很消极怎么办？

那你最好改变现状。积极情绪是高效能表现的前提，而且只有你自己能控制你持久的情绪体验。记住上一章学到的内容：你能选择情绪（对你的情绪进行解读）。你选择情绪的次数越多，你改变自己体验情感的方式就越多。你可以控制你的感受。这或许是人类最伟大的天赋之一。

这并不意味着高效能人士永远都是快乐、完美、优秀的。和其他人一样，高效能人士也会产生消极情绪。但是他们能更好地应对消极情绪，或许更重要的是，他们可以控制思想和行为来制造积极情绪。高效能人士能让自己进入积极状态。就像运动员会做特定的事情让自己进入"状态"一样，高效能人士会刻意制造快乐。

为了搞清楚这个问题，我随机找了一组HPI分数较高的参与者，让他们描述自己大体上是如何制造积极情绪的，哪些具体的事情给他们带来了快乐（哪些不能）？如果有的话，他们会刻意实践哪些习惯，让自己更长久地保持快乐的状态？他们的回答表明，高效能人士每天都会坚持相似的习惯。他们会：

1. 在重要活动之前（或平时每天）准备好想要感受到的情绪。他们会思考自己想产生什么情绪，问自己问题，或想象那些情绪出现后的情况。（和上一章中提到的"关注情绪"一样。）

2. 预测自己的行动会产生的积极结果。他们很乐观，明确相信自己的行动会得到回报。

3. 想象可能出现的压力状况，以及自己在最佳状态下会如何优雅地解决问题。他们会预测积极的结果，但是他们也能认清现实中会存在巨大障碍，他们会做好应对困难的准备。

4. 把感恩、惊喜、奇迹和挑战加入每一天的体验。

5. 让社交关系朝会带来积极情绪和体验的方向发展。他们是其中
一位受访者所说的"有意识的善意传播者"。

6. 经常回顾令自己感恩的事情。

如果你有意识地坚持做这 6 件事，你也会感到非常快乐。我很清
楚这一点，因为这是我的亲身经历。

让生活回到正轨

2011 年，我和几个朋友在沙漠里度假，我开着一辆四轮全地形
车，以每小时 64 千米的速度沿着海滩快速行驶，结果出了车祸。我
伤了腰，扭了胯，断了几根肋骨，之后又被诊断为大脑外创损伤导致
的脑震荡后综合征。我在这里要说的是，那是我人生中很糟糕的一段
日子。那次车祸损伤了我的注意力、情感控制力、抽象推理能力、记
忆力以及身体平衡能力。有几周时间，我放弃了对自己的管理，让情
感控制了我。我没能做到好好管理每天的挫败情绪——我必须承认，
我认为自己没有努力去管理这些。我把太多的注意力放到了恢复身体
损伤上，忽视了大脑也需要修复的事实，因为在这次事故中，我的大
脑也受损了。由于大脑受损，我很容易对团队感到失望，对妻子感到
不耐烦，无心思考未来，总是郁郁寡欢。

有一天，我读了我们的一些关于高效能人士的研究结果，之后意
识到我没能坚持每天的晨间习惯。我也清楚，如果我再不设置一些新
的心理提示来帮助自己激发积极的情绪和人生体验，我就会被大脑创
伤控制，我的预设状态就会变得被动且糟糕。研究表明，高效能人士
会做 6 件事，让生活中充满快乐，于是，我开始了新的晨间习惯，设
定了新的心理提示。

每天早晨洗澡时，我会问自己三个问题，让大脑做好准备，迎接

积极的一天：

- ■ 今天哪些事能让我感到兴奋？

- ■ 哪些事或人可能给我带来麻烦或压力？我怎样才能以一种积极的方式回应，展现出最好的自己？

- ■ 今天我能给谁一个惊喜？方法包括对这个人说谢谢或赠送礼物。

我设置第一个问题，是因为很多高效能人士表明他们很享受快乐事件本身，同时也很享受预测快乐的事。神经科学家也有同样的发现：预测积极事件和积极事件真实发生一样，都具有强大的力量，能促进让人感到快乐的荷尔蒙，如多巴胺的分泌。

当然，有时候，我在洗澡时想不到任何会让自己感到兴奋的事。这时我就会问自己："好吧，你今天能做些什么事来让自己感到兴奋？"

我设置第二个问题，是因为我希望借助高效能人士的练习，想象可能会出现的棘手情况，思考状态最好的自己会如何优雅应对。我习惯以第二人称大声问自己这些问题，然后再大声回答。也就是说，我会一边洗澡一边说："布伦登，今天有哪些事会让你感到有压力？朋友，如果这些情况真的出现了，你状态最佳的时候会如何解决这些问题？"或者"布伦登，当 X 发生的时候，想想 Y，然后做 Z"。我甚至会想象自己正在解决那个问题，并描述我可能会产生的情绪："布伦登在那场会议中觉得有点儿紧张。他心跳特别快，因为他忘了呼吸，而且他只把注意力放到了自己身上。现在他需要放松，把注意力放到问别人问题和为他们服务上。"

这似乎有点儿奇怪：每天早晨，我一边洗澡一边设想棘手情况，一边和自己说话。但用第二人称思考困难的事情和与自己对话要比用第一人称有效，能让你客观地看待问题。我把这个练习称为"自我指导"，因为你能跳出自身限制去指导自己，就像指导一个朋友，告诉他该如何应对困境一样。许多高效能人士都在做这件事。

这个过程类似于心理学家所说的"认知解离"（cognitive defusion），一个试图外化和"平息"消极情绪和艰难局面的练习。举例来说，这个练习会让对抗焦虑的人给焦虑命名——例如"沮丧的戴夫"——于是患者不再是和自我做斗争，而是有了一个外部敌人。这样一来，患者就可以和焦虑分离。现在，他们会看到外部敌人前来敲门，他们可以选择是否要开门应对。

我设置第三个问题，是因为我要确保每天都能预测到我的行为的积极结果。我知道，想象自己通过赞美他人给他们带去惊喜，会给我带来两个实实在在的好处：一想到我有可以感谢的人，我就充满感恩，向他们表达我的谢意也会加深这种心情；询问自己这个问题也有利于把感谢、惊喜、奇迹或挑战带到我的一天中。

在一天开始之际认真询问自己这三个问题，我就会带着热情开启一天的生活，准备好以最好的姿态迎接所有挑战，期待表达对他人的谢意。

这个简单的晨间练习能带来预期、希望、好奇心和乐观——这些积极情绪都会带来幸福感，改善健康状况，如降低皮质醇，减轻压力，延长寿命。

新的心理提示

我采访过的每个高效能人士都提到了他们控制自己的想法朝着积极方向发展的方式。他们不会等着快乐自己出现，而是会制造快乐。

所以，在等待大脑损伤痊愈期间，我决定制定一系列心理提示，提醒我让人际关系朝着积极情绪和积极体验的方向发展。

1. 第一个提示是"通知提示"。我把"创造快乐"设为闹钟。一天之内我会设三个闹钟，命名为"创造快乐"。在我开会、打电话或写邮件的时候，突然之间，时间到了，我的手机开始振动，屏幕上出现了"创造快乐"四个字。（我在明确目标那章中提到，我还会在闹钟备注上写其他内容，提醒自己我想成为什么样的人以及我希望怎样和他人交往。）当手机振动的时候，你就会去看手机，对吗？所以，一天当中，有时候我心不在焉，想着要如何从那场事故中恢复，突然间嗡的一声，手机开始振动。它提醒我要把快乐带到当下。多年以来，这个提醒已经让我的大脑能有意无意地把积极情绪带到每天的生活中了。

2. 第二个提示是"门框提示"。每次进任何一扇门的时候，我都会对自己说："我会在这个房间里发现美好的事情。我进门之后，要做一个快乐的人，准备好为他人服务。"这个练习帮助我保持专注，发现他人身上的优点，让我的大脑做好帮助他人的准备。你每次进门的时候，会对自己说哪些积极的话呢？

3. 第三个提示是"等待提示"。每次排队买东西的时候，我都会问自己："按 1～10 的标准，我现在的专注力和活力等级是多少？"我问自己这个问题，是在检查自己的情绪状态，给我的情绪状态打分，判断这个状态是否符合我希望拥有的情绪和我期待的生活方式。通常，当我觉得自己得分在五分或以下时，我的大脑就会重视这个问题，对自己说："哥们儿，你能活着已经很幸运了。增强你的能量，好好享受生活！"有时候，当你觉得自己没有达到本该达到的活力水平时，你的愧疚感会成为推动你好好工作的动力。

4. 第四个提示是"触摸提示"。每当我新认识一个人的时候，我就会给对方一个拥抱。这并不是因为我天生就爱和人拥抱——我不是这样的人。我开始这样做，是因为我读到的很多研究都表明肢体接触对健康和幸福至关重要。

5. 第五个提示是"恩赐提示"。每当我周围有好事发生的时候，我就会说："这是上天的恩赐！"我这样做，是因为许多高效能人士都表示，他们对每天的生活怀有感恩之心。有时候是因为宗教——他们感到快乐，是因为他们认为自己受到了上帝的庇佑；有时候是因为惊叹世界之美；有时候，他们认为人生中的恩赐是"令人感恩的罪过"——他们认为自己得到了太多的东西和太多的机会，因此发自内心地认为自己有责任把自己的所得传递出去。无论属于哪一种，他们都把自己的人生和得到的祝福看作恩赐。（一些科学家甚至把人类在日常活动和人际交往中展现出感恩之心的能力视作人类智慧的一种形式——具体来说，是精神智慧。）所以，当一件事进展顺利，或有人从爱人那里得知了一个好消息，或有好事及意外之喜发生时，我都会说："这是上天的恩赐！"

6. 第 6 个提示是"压力提示"。由于大脑受到了损伤，我做事总是很急切，甚至总是感到惊恐。直到有一天，我下定决心把急切和压力排除在我的生活之外。压力是自找的，所以我决定不再制造压力。我依然相信，即使在混乱之中，我们也能找到内在的平静和快乐，于是我决定要这样做。每当我觉得事情要失控时，我就会站起来，深呼吸 10 次，然后问自己："我能把注意力集中在哪件积极的事情上？我现在应该做的正确的事情是什么？"一直以来，这项练习总能赶走大脑损伤带来的压力和惊恐。

为了补充这些提示，我开始每晚写日记，我会记录这一天让我感觉良好的三件事。之后我会闭一会儿眼睛，把这三件事在脑海里重演一遍。我会让自己重新回到当时的场景中。我看到了当时看到的东西，听到了当时听到的声音，感受到了当时的情绪。通常，当我回顾这三件事的时候，我会比事情真实发生时更认真地体会那一刻。我会笑得更开心。我感到心脏跳得更快了。我哭得更厉害了。我会更惊叹、更满足、更感恩，觉得更有意义或更感谢生活。

每个周日晚上，我也开始做同样的事情。我会回看上周记录下的感恩时刻，然后带着同样的情绪重新回顾一遍当时的场景。如果在我闭眼的五分钟内，我能轻松地回想起越来越多值得感恩的事情，那么我就知道自己认真地度过了这一周。

当然了，感恩是所有积极情感的源头，同时也是许多积极心理学运动的关注点——因为它很有效。如果想要不断增强幸福感，或许没有比开始感恩练习更好的办法了。

透过感恩的金色画框，我们看到了人生的意义。

在我大脑损伤最终痊愈期间，因为上述种种，我把快乐摆在内心和生活最重要的位置上。

我见过许多高效能人士制定了类似的日程和提示，让自己重回健康。当我和阿尔琼，也就是本章开篇提到的科技公司巨擘分享这个经验的时候，我发现，他从来没有制定过任何有意识的提示来激发积极情绪。用他的话说，他"总是很平稳，擅长冷静地应对生活中的事情"。但他发现，仅仅做到好好应对生活会让人生充满局限。如果你不制定目标、设定提示来创造快乐，你就体会不到人生全部的热情。当阿尔琼在人生中设定了 3~4 个新提示之后，他的人生彻底改变了。他的第一个提示是，当他感到压力且独自一人的时候，他会站起来，深呼吸 10 次，然后问自己："我状态最好的时候会如何应对这一局面？"另一个他最喜欢的提示是，无论何时，只要他的妻子叫他的名字，他就会对自己说："你是为了这个女人才来到这个星球上的。你要给她的生活带来快乐。"

阿尔琼在为他周围的人增强自己的能量，我希望在这一点上，你能以他为榜样。如果你总是匆忙、焦虑、有压力、忙忙碌碌，那你能教别人获得什么能量呢？如果你无法为了提升自我而把更多的正念和快乐带到生活中，那么你可以为了你身边的人这样做，否则你失控的情感就会伤害他们。

高效能人士会通过深讨如何思考、关注什么以及如何度过和反思每一天的方式来制造快乐，这是一种有意识的选择。他们会通过改变自己的意愿和行为的方式来创造快乐，这让他们充满生机，同时也能服务他人。所以，觉醒的时刻到了。带着年轻人的精神重新回到生活中吧。

表现要点：

1. 每天早晨，我可以问自己三个问题，来为这一整天创造积极情绪。这三个问题是 ＿＿＿＿＿＿＿。

2. 我可以设定的新提示包括（可以参考我的提示来设置）＿＿＿＿＿＿＿。

3. 我可以设定新的日程 ＿＿＿＿＿＿＿ 来回想生活中的美好时刻。

练习三：提升健康水平

> 或许你觉得自己不是非常强壮，但如果你是一个中等身材的成年人，你渺小的身体里蕴藏的能量超过了 7×10^{18} 焦耳 —— 爆炸时产生的威力相当于 30 枚巨大的氢弹，前提是你知道如何释放且非常希望释放自己的能量。
>
> —— 美国作家比尔·布赖森（Bill Bryson）

在开始写这一章之前，我从电脑前站起来，走向厨房，喝了一杯水，然后下楼去骑动感单车，挑战 3 分钟冲刺，之后又做了 2 分钟动态瑜伽来舒展身体。接下来，我回到办公室，坐下来，闭上双眼，开始进行"释放压力，设定目标"的练习。如果你看到在研讨会后台的我，你会发现我在做类似的事情：让我的身体充满活力，让我的大脑做好服务的准备。这是我从高效能人士身上学到的自我管理方法，我发现他们总是通过运动和规律呼吸来增强能量。我发现他们比普通大众吃得更健康，健身次数也更多，于是我开始效仿他们。

我并不是一直如此。我快 30 岁的时候，身体健康状况特别差。我当时是一名咨询师，每天工作 12 ~ 16 个小时。我的工作大部分时间都是坐在电脑前制作幻灯片和设计课程。久坐不动引发了旧伤遗留的后背疼痛，因此我无法按计划健身。很快，我就遇到了许多人都会遇到的问题：我不再关心自己了。我睡眠质量很差，吃得不健康，很少健身。我发现我的工作表现和整体生活都因此受损，但我很难打破这个循环，因为我一直在给自己灌输愚蠢的想法，告诉自己健康生活一定很困难。

人们的生活方式不健康，并不是因为他们不知道该如何让自己过上健康的生活。每个人都知道怎么做才能增强身体能量，因为这在现在来说是常识：运动——多去健身；营养——吃更健康的食物；睡眠——每天睡 7 ~ 8 个小时。这些都是无须争论的事情，对吧？

很遗憾，许多人还是在争论这些。他们会找很多漏洞百出的借口，为这些方面的不佳表现正名。很多人会把身体能量不足归咎于天生，或者抱怨行业、公司文化、个人义务占据了他们大量的时间。

我也这样做过。我说过本意是好的，但是不经大脑的话，比如：

"我这行每个人都非常努力，所以我必须舍弃一些东西。"

我舍弃了什么？对健康的关注。当然，当我说"我这行"的时候，我把行业规则和周围的五个工作狂同事搞混了。这五个人也忽略了自己的健康和家人。幸好那时我在一家全球性公司工作，我发现许多和我同级别的人都很健康。很显然，有些人找到了在做和我相同的工作时保持健康的方法。事实上，我发现许多和我同级别或者职位比我高的人都能更好地照顾自己，更好地享受生活，甚至获得比我更高的成就。

"我只睡 5 个小时也取得了成功，所以对我来说，睡眠不是个问题。"

我说这句话的时候没有考虑它的下一步逻辑如何：那么，如果我每天多睡 2 个小时，我就会获得更多的成功，是这样吗？所以，睡眠不足不会影响我的成功。更多的睡眠不会给我带来优势。但是我当时年轻又愚蠢。为了减少睡眠时间，我开始研究缩短睡眠时间的方法。幸运的是，我必须承认，我看到的 50 年以来的睡眠研究都指出，充足的睡眠时间（几乎所有成年人每天都需要 7~8 个小时的睡眠时间）会提高认知水平，减轻压力，提高对生活的满意程度，提升健康水平，提高产能，提高收益率，减少冲突。研究清楚地表明，睡眠不足会导致精神障碍、肥胖、冠心病、中风等许多疾病。

"我会在 3 个月以后关注我的健康和幸福感的，我现在很忙。"

一般会说这句话的人都会陷入永久的疲劳循环——他们说 3 个月以后，但事实是，这个期限会一直延长到几年后，到那时他们才会休息，过上正常人的生活。我曾经有一段时间就是这样的。我发现，我们每天做的事——没错，在冲刺阶段也是如此——会形成很难改变的习惯。

"我天生就是这种体形。"

我以前总是用生物学和遗传做借口，为我的生理感受辩护，因为我有先天的脊柱缺陷，之前还出事故受过伤。但是这个理由也站不住脚。当然，疾病家族史或某些特定的基因会引发或可能引发一些疾病——癌症、心血管疾病、糖尿病、自身免疫失调、精神疾病等家族遗传病对人的影响非常大。但只要花一点儿时间看看大家健身前后的对比图，你就会发现，我们能彻底地改变自己的健康状况。整体上看，我们的短期与长期健康很大程度上掌握在我们自己手里。我们的日常习惯和所处环境不一定会引发先天基因问题。而且无论哪个领域的研究都反复证明，缺乏运动是所有健康问题的罪魁祸首。

"我没时间做这件事。"

这个借口里的"这件事"通常指的是健身、健康饮食、健康购物或者冥想。但我发现，这些事几乎都不会占用你太多时间。事实上，这些事能让你变得更有活力，产能更高，从而为你节省不少时间。如果因为健身和健康饮食，你变得头脑更敏锐，反应更敏捷，能更好地产出有用的结果，那么健身或健康饮食就不是浪费时间了。

我分享这些内容，是因为我知道我不是唯一受到这些错误思维影响的人。你是否对自己说过类似的话？为了继续做对健康不利的事，你还对自己说过什么？我知道这个问题很难回答，但是值得你去好好思考一下。我们现在来评估一下你的身体健康状况吧。分数为 1~10，你认为你的身体健康状况能打几分？1 代表你行将就木，10 代表你总是精力充沛，身强体壮。你给自己打几分？

如果你觉得自己达不到 7 分以上（包括 7 分），那这部分或许对你来说是本书中最重要的部分。你只需要好好照顾自己的身体，就能立刻获得强大的精神和情感能量。你需要这样做。你看到什么样的世界，取决于你的精神状态和体能。因此，当你状态糟糕的时候，你也会看到世界糟糕的一面。当你状态不错的时候，你就会看到世界美好的一面。我们希望你保持在最佳状态。

现在开始健身

你如果诚实面对自己，就会知道研究的结论：你需要锻炼身体。你需要大量运动。如果你很在意自己的心理状态，你就更要好好锻炼。运动会增加脑源性神经营养因子（BDNF）的产生。BDNF 能促进海马体和大脑其他区域的神经元生长，让你学得更快，记得更多，提升大脑的整体功能。很多人都忽视了很重要的一点：运动可以促进学习。同时，运动有助于减轻压力，而压力是精神表现的杀手。压力会减少 BDNF，降低整体认知功能。运动是你赶走压力的最佳方式。

因为运动可以增强能量，让你能更快、更高效地完成普通任务。运动还会增强工作记忆，让你心情变好，注意力集中时间变长，帮你提高警觉，这一切都会让你的表现得到提升。

如果你的工作或生活要求你快速学习，应对压力，保持警觉，集中注意力，记住重要的事情，保持好心情，那么你必须更认真地锻炼身体。

如果你在意自己能为这个世界做出什么贡献，你就会在意自己的状态。这并不意味着你要在跑步机上跑到死——适度运动足以带来这些积极效果。也就是说，每周健身几次就够了。这意味着你需要重新制订一个适合你的健身计划。事实证明，短短 6 周的运动能够增加多巴胺分泌，提高大脑接受事物的能力，有助于改善心情，提升心理表现，同时也会增加去甲肾上腺素的分泌，能让你在充满心理挑战的任务中更少犯错。记住，能量是精力、体力和情感活力的综合——而运动能够增强这三个方面的能量。

我们对 2 万多名高效能人士进行研究后得到了惊人的发现，前 5% 的高效能人士每周至少运动 3 天的可能性比后 95% 的高效能人士高 40%。很显然，你如果想在生活中获得最大的成功，从现在开始，就要认真地锻炼身体。

如果有孩子，你更要认真地锻炼身体，因为你要给孩子树立榜样，让他们重视健康，这一点很重要。身体健康的孩子比身体不健康的孩子更能集中注意力，而且运动对他们的智商和长期学业水平有显著的影响。

如果你已经不是孩子，而是成人，那么运动对你而言意味着一切。在缓解抑郁症方面，运动和药物一样有效（但运动不能替代药物）。经常运动的人不容易抑郁，这或许是因为运动能促进大脑分泌更多的多巴胺。运动也有助于增加血清素的分泌，提升睡眠质量，而睡眠质量的改善又能促进血清素分泌。（你知道吗？大多数抗抑郁药物的作用都是促进血清素的分泌和再摄取，因此许多研究人员建议抑郁症患者无论是否在服用药物，都要进行运动。）运动还能减轻疼痛（几乎和四氢大麻酚或大麻的效果相同），缓解焦虑——疼痛和焦虑是成年人在衰老过程中面对的主要问题。

我敢肯定，所有人都会承认，现在人们的压力越来越大。压力就飘在空气之中。应对压力的最佳方式是（通过刻意在生活中创造快乐或）通过运动释放压力来感受更多积极的情绪。我向你保证，如果你把运动当作生活中非常重要的一部分，那么许多其他事情会奇迹般地发生。

你制定好有序的健身计划之后，就要开始改变饮食了。在如今的美国，超重和肥胖的成年人占比约为60%，我们不能把这一切都怪罪到运动量减少上。很多人超重或肥胖是因为吃得太多。人们就是吃得太多才导致健康状况差和表现不佳。研究人员发现，过度饮食会让人上瘾，这是大脑运作的结果。同时，研究人员也指出，错误的决策会导致过度饮食——有意识地选择短期的满足感，而非长期的健康。

医生不断重复的一条重要原则是，当你吃东西并不是为了获取营养，而是因为心情不好，只想靠吃东西来满足自己时，一定要警惕。注意，不能把吃东西当作赶走消极情绪的方法。如果你心情不好，那就动起来。去散散步，在吃东西之前调整好情绪状态。我知道这并非易事。但这是值得一试的，因为如果你能在吃东西之前调整好心情，你就会选择更健康的食物。这就是关键。事实证明，健康的饮食和运动一样，也能保证健康，提高产能。"饮食健康，感觉良好，表现优异"是个真理，不仅适用于个人。摄入健康、营养的食物会对整个国家的宏观经济表现产生重大的积极作用，对儿童来说尤其如此。儿童在学校的认知成就与成功和良好的营养紧密相关。

或许你早就知道要健康饮食，所以我要告诉你的是，现在开始吧。我建议你找一位营养学家帮你测试你对哪些食物过敏——常见的能量流失原因——然后制定出最能满足你日常表现需求的食谱。

从哪儿开始

我亲自指导过许多想要增强能量的人。一方面，我发现如果你希望开始改善健康状况，那么你首先要制定一份健身计划，特别是在总体健康状况不错的情况下。人们开始健身以后，往往会开始关注饮食和睡眠。

另一方面，我发现如果健康状况不佳，首先要养成良好的饮食习惯，这有利于督促自己开始运动。这是因为通过改变饮食结构来减肥往往比一周去三次健身房有效。去健身房是一件新鲜事物，但吃饭不是。改变人们的饮食要比让他们养成规律运动的全新习惯容易。

在改变身体健康或其他健康日常前，同样要先咨询医生。一位好医生总是会建议你好好休息，注意营养，坚持锻炼。如果你目前的医疗提供者不问你任何有关健康日常的细节问题，也无法给出和你当前或未来健康目标有关的具体饮食、运动和睡眠模式方面的建议。这种情况下，我建议你换一位医生咨询。

你还应该关注自身以外的事物，在你周围建立起人人都注重健康的良好环境。如果你所在的公司并不鼓励运动或各种形式的健康——安全、身体健康、幸福感和满足感——那你就要小心了。不在乎员工健康的公司的表现不如他们的竞争对手优秀。但是，美国只有不到一半的劳动者称其公司重视员工健康，有三分之一的劳动者表示他们在工作中长期感到压力，只有41%的劳动者称他们的老板会帮助员工发展并保持健康的生活方式。很显然，我们只能通过自己的努力来保持健康，因为别人无法替我们做这些。

当我为公司管理者提供培训的时候，我做了硬性规定：如果你工作的公司不重视员工的健康，要么你自己开始重视健康，要么你重新找一份工作。也就是说，如果你希望和高效能人士一起工作，你首先要成为高效能人士。

在研讨会中，我向参与者发起挑战，让他们在接下来的 12 个月里使自己的身材达到最佳状态。令人惊讶的是，很多人此前从未努力做过这件事。如果你想做到，可以从下列几件事开始：

■ 开始做你已经知道的自己该做的事来改善健康状况。你早就知道需要多运动、多吃蔬果和多休息了。如果你对自己坦诚，或许你知道自己该做什么。现在你只需要坚持并养成习惯。

■ 你应该知道所有可行的体检方式。去拜访你的主治医生，请他们帮你做一次全面体检。告诉他们你想通过未来 12 个月让健康状况达到最佳水平，希望他们可以帮你做所有能做的项目，从而对你的健康状况进行评估。他们会通过各种检查得出你的身体状况数据、胆固醇、甘油酯水平和患病风险。不要做例行检查，而要做最全面的健康诊断。如果今年你要花一大笔钱，那就花在健康上。我建议你不要只做常规体检，还要找一家做全套化验、胸部 X 光片、疫苗接种、癌症筛查和脑部扫描的医院进行检查。

■ 除了找你的主治医生做全面检查之外，我建议你找一位本地最好的运动医学医生 —— 可以是一位为职业运动员服务的医生。通常，运动医学医生有一套完全不同的改善健康状况的方法。

■ 如果你不知道该如何进行营养搭配，找一位本地最好的营养学家帮你制定一份饮食计划。要确保你做过食物过敏测试，明确自己该吃什么，吃多少，什么时候吃。一位好的营养学家会彻底改变你的一生。

■ 训练自己每天睡够 8 小时。我说"训练"，是因为多数人不能保证整晚的睡眠 —— 与生物因素无关，而是因为缺少睡眠环境。试试这些做法：睡前一小时不要看任何电子屏幕；夜间把室温降到 20 摄氏度；把房间里所有的灯和声源都关掉。如果你半夜醒来，别起床，也别看手机。让身体适应躺着的状态。开始告诉你的身体，无论发生什么，都要在床上躺够 8 小时。想获取更多睡眠妙招，请阅读我的好朋友阿里安娜·赫芬顿的《睡眠革命》(*The Sleep Revolution*) 一书。

■ 找一个私人教练。如果你把最佳健康状况当作人生中的重要目标，那么你一定要找一个私人教练帮你改善身体健康。当然了，在家看健身视频也是可以的，但在私人教练的帮助下，你的健身效果会更好。如果请不起教练，你可以找到身材不错的朋友，争取和他们一起健身。别让你的自尊心成为阻碍 —— 你坚持不下来，并不意味着你连健身房都不能去。开始有规律的健身计划，让它成为社交的一部分。

■ 如果你想获得一个简单的初学者计划，而且你的医生也同意，我建议你从 2 乘 2 计划开始。即每周做 2 次 20 分钟的举重健身训练和 2 次 20 分钟的有氧健身运动。每次训练的时候，使出 75% 的力气 —— 也就是说，在健身期间要做比平常剧烈的运动。一周只做 4 次剧烈运动。其余的 3 天，你可以在户外快走 20～45 分钟。切记，你要咨询一下医生，看看这个锻炼计划是否适合你。如果适合就坚持下去。如果刚从沙发上站起来，别立刻开始做强度有 75% 的运动，否则你会伤到自己或感到身体酸痛，认为自己不适合运动，从而造成大麻烦。

■ 最后一点是，你要多多舒展身体。每天早晚各花 5～10 分钟的时间做舒展运动或者瑜伽有利于增强身体的柔韧性和活跃性。这样做有利于放松身体，让身体不再处于紧绷状态。

> **表现要点：**
>
> 1.目前我想尽最大努力实现身体健康，是因为 _____。
>
> 2.如果我要拥有有生以来最好的身材，首先我要停止做以下三件事 _____。
>
> 3.我要开始做 _____。
>
> 4.能让我变得更健康，我也能坚持下来的一周健身计划是 _____。

做出承诺

> 我们需要付出巨大的努力来遏制衰亡，恢复活力。
>
> ——古罗马诗人贺拉斯（Horace）

能量对高效能表现来说至关重要。即使你养成了其他所有习惯，并能一直坚持下来，如果缺乏足够的能量，你也不会感觉良好。谁都不想总是感觉精神不济、陷入消极情绪或感到筋疲力尽。但好消息是，这些不佳状态的罪魁祸首都是错误决策，而不是不良基因。如果你愿意，你可以改善你的整体能量。这也许是我们的终极任务，因为最终决定我们如何工作、爱人、活动、建立关系和领导他人的关键便是我们具有的能量。

所以你要切实做些什么来增强能量。从每天花更多时间放松身体和大脑的紧张状态开始。在日常生活中制造快乐。现在做出决定，你要在未来 12 个月拥有有生以来最好的身材。我知道这是个很高的目标。但如果这是你看完这本书之后做出的唯一决定，你所做的努力会改变你的人生。如果一年之后我收到一封你的邮件，里面写着："布伦登，我只做到了你的一个建议，就是改善健康状况。"我会感到非常快乐。

高效能习惯 3
提升需求

只有全心全力投入一项事业的人才会成为真正的大师。因此只有全力以赴才能做到精通。

——美国物理学家阿尔伯特·爱因斯坦（Albert Einstein）

- 明确谁需要你的最佳表现
- 承认目标背后的原因
- 升级社交圈

"我还能做什么?"

三位海军陆战队士兵围坐在艾萨克旁边,在一位服务生给他们的咖啡续杯时点了点头。

我问:"你没有选择吗?"

他大笑。"人总是有选择的。那时候我有三个选择:吓死,逃跑,或者做一个堂堂正正的海军陆战队士兵。"

我比在座的任何人笑得都厉害。因为其他人已经习惯这样的事情了。

我问他:"当你冲向爆炸点的时候,你对自己说了什么?"

艾萨克所在排的车辆撞上自制的爆炸性设备时,他正在步行巡逻。他受到爆炸的冲击,昏了过去。他醒来时,看到冒烟的车辆陷在烟雾之中,正在受到敌方火力攻击。于是他开始朝爆炸点跑去。

"你只是在想,不能让你的同伴死掉。这就是你的想法:你想到了你的同伴。"

艾萨克看向咖啡馆的窗外,所有人都沉默不语。有一瞬间,所有人似乎都陷入了自己的故事之中。

"有时候,"艾萨克继续说,"你的所有潜能会在一瞬间发挥作用。那只是几分钟的事。但我总觉得那像是一部两小时的电影。仿佛你用你的一生和你代表的一切满足了那一瞬间的需要。"

他低头看了看自己的轮椅。"只是结局和我想的不一样。我现在是个没用的人。一切都结束了。"

艾萨克可能再也无法走路了。他是个英雄，他协助掩护并转移了爆炸中的一位幸存者。当他们把受伤的幸存者 —— 艾萨克的一位挚友 —— 带到安全地带时，艾萨克中枪了。

在座的一位士兵认为他的想法太蠢了，笑着说："兄弟，这一切都没有结束。你会恢复健康的。一切都会好起来的。"

艾萨克愤怒地回击："你看到我的样子了吗？我做不了任何事。我无法报效祖国。人生还有什么意义？"

他的朋友们看向我。

"你说得没错。"我说，"人生毫无意义 —— 除非你自己再找一个意义：可以是你痛苦的意义，告诉这个世界'这就是我面对这件事情的方法：放弃'；也可以是告诉你自己、你的海军陆战队战友和这个世界，任何事情都无法阻止你，无法消灭你报效祖国的精神。"

我的话没有发挥任何作用。艾萨克抱着手臂说："我还是没看到任何意义。"

他的一位朋友身体前倾，说："如果你找活下去的意义，你就彻底完了。但是意义是什么，选择权在你。你可以选择继续颓废下去，或者选择必须好起来。一个选择很糟糕，会让你的人生永远痛苦。而另一个选择会让你走下床。"

艾萨克低声说："为什么要尝试呢？"然后就不说话了。谁都不想待在这种沉默之中，看着一个已经摇摇欲坠的人纠结是放弃还是活下去。

过了一会儿，很显然，他觉得自己不需要立刻做出决定。我察觉到，这让他的朋友们感到很沮丧。海军陆战队士兵不该这样优柔寡断。最终，艾萨克的一位朋友挪到距离艾萨克只有几英寸的地方，面对面认真地盯着他看 —— 那种强烈的目光只有军人才能承受。

"该死的，艾萨克，因为除此之外你没有任何选择。因为你要像当初刚开始训练一样认真对待康复，你要像个海军陆战队士兵一样。因为你的家人还指望着你！因为我们都在你身边陪着你，但我们不接受借口。因为一个士兵受的伤也不能让他放弃职责。"

★

我分享这个故事，是为了叙述一个让人感到沮丧的事实：你可以什么都不做。你不必为了生活、工作和家人而努力。你不必在难过的时候起床。你不必在意是否能做到最好。你不必努力过上美好的生活。但是，有人认为自己需要做到上述这些事情。这是为什么呢？

答案解释了让人类变得积极、变得优秀的最强大的动力之一：表现的需求。

艾萨克的身体状况会有所好转吗？很大程度上来说，这只取决于他自己。医生说他或许能重新走路——如果他努力复建的话。医生们告诉他，这件事没有定论，总之不是没可能。艾萨克的心理状态会恢复吗？这也取决于他自己。他身边有很多人支持他。虽然很多需要帮助的人能够获得他人的帮助，但是他们自己不肯接受。唯一的区别在于当事人觉得是否有必要变好。他如果觉得没必要，就不会坚持努力。

需求是让优秀表现成为必需而非爱好的情感动力。更弱的欲望会让你想去做某件事，但是需求不同，它会强硬地要求你采取行动。当你感到有必要的时候，你不会干坐着，期待或希望某事发生，而会采取行动，做成一件事，因为你必须这样做。除此之外，你没有太多选择。你的心灵和灵魂以及当时的需求都告诉你，要采取行动。你就是觉得要做些什么才行。如果没有采取任何行动，你就会觉得自己很差劲。你会觉得没有达到自己的标准，没有承担自己的义务，没有完成自己的任务或命中注定要做的事。需求会激发出比平时更多的动力，因为个人身份发挥了作月，制造出必须采取行动的紧迫感。

"心灵和灵魂"以及"命中注定"听起来有点玄奥，但这些就是高效能人士常说的他们行动背后的动力。举个例子，在采访中，我常常会问高效能人士，他们为什么如此努力，以及他们是如何保持专注，如何坚持下来的。他们的回答通常是这样的：

■　我就是这样的人。

■　我想不出自己还能做其他事。

■　我天生就是这块料。

他们的回答还体现出责任感和紧迫感：

■　人们现在需要我，他们都依赖着我。

■　我不能错失这个机会。

■　如果现在不做这件事，我以后肯定会后悔。

他们会说和艾萨克一样的话："仿佛你用你的一生和你代表的一切满足了那一瞬间的需要。"

如果你觉得一件事非常有必要，你一定会强烈赞同下面这句话：

"我感受到强烈的情感动力和责任感促使我迈向成功，它不断要求我努力工作，保持自律，督促自己。"

强烈赞同这类表述的人几乎在 HPI 的每个项目中都得到了较高的分数。同时他们也表示，在长时期内，自己比同事更自信、更幸福、更成功。当必要的情感动力不复存在时，任何策略、工具或战略都帮不了他们。

我从自己的研究和对高效能人士 10 年的干预式培养经验中学到了一件事，那就是如果你不把超越他人当作一件必要的事，你永远不会变得卓越。你必须向你的事业投入更多的情感，把成功（或者任何你想要的结果）当作非常重要的需求，而不仅仅是一时的爱好。这一章将介绍如何做到这一点。

需求的基础要素

> 需求是自然的主人和向导。需求是自然的主题和创造者，是她受到的约束和永恒的规律。

—— 意大利画家莱昂纳多·达·芬奇（Leonardo Da Vinci）

下面是被我称为"需求四大力量"的表现需求要因：身份、痴迷、责任感和紧迫感。前两个在多数情况下是内在需求；而在多数情况下，责任感和紧迫感是外在需求。每一个因素都能增强积极性，但这四个因素结合，会让你的表现更加优秀。

需求的细微差别并不总是显而易见，因此在给出建议之前，我们会先花一些时间介绍一下需求。再忍耐一会儿，因为我保证你会发现在人生中的一些重要领域，提升需求会改变一切。

表现需求

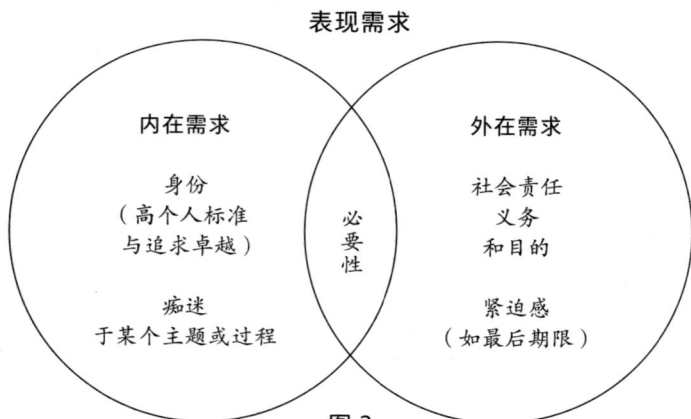

内在需求

身份
（高个人标准
与追求卓越）

痴迷
于某个主题或过程

必要性

外在需求

社会责任
义务
和目的

紧迫感
（如最后期限）

图 2

内在需求

对于人生中的每一件事，我都会全心全意地去把它做好；对于我投入精力的每一件事，我都会全身心地投入其中。

—— 英国作家查尔斯·狄更斯（Charles Dickens）

你是否发现，当你没能实现你的价值或没有做到最好时，你会产生负罪感？你也可能认为自己是个诚实的人，但经常感觉自己在说谎。你制订计划，却没能执行。你是否发现当你待人善良，或是实践了诺言、做到了你期待的事时，你会感觉特别好？你会对自己的表现感到沮丧或快乐，这些感受就是我说的内在需求。

人类拥有很多影响自己行为的内在需求：你的价值观，期待值，梦想，目标以及对安全、归属感、一致性和成长的需求，在这里我只列举这几个。把这些内在需求看作内在引导体系，他们督促你保持"自我"，成长为最好的自己。在你的一生中，内在需求会不断影响并重塑你的身份和行为。

我们发现，两种具体的内在需求 —— 卓越的个人标准和对某件事的痴迷 —— 在决定长期成功的能力方面发挥着非常重大的作用。

高个人标准与追求卓越

无论在哪方面付出努力，生活质量与追求卓越都有直接联系。

—— 美国著名橄榄球教练文斯·隆巴迪（Vince Lombardi）

毫无疑问，高效能人士对自己要求很高。具体而言，他们很在意自己是否在会对身份产生重要影响的任务或活动中表现优异。无论任务是不是自己选择的，他们都会严格要求自己。无论是否享受这个任务，他们也都会严格要求自己。让他们好好表现的并不是他们的身份，而是对任务的选择和任务本身带来的快乐。举个例子，运动员或许不一定很享受教练给他们安排的训练任务，但他们依然会去训练，因为他们把自己看作顶级运动员，愿意尝试任何能提高自己水平的任务。组织研究人员也发现，人们表现优秀并不仅仅是因为他们在做让自己感到满足的事情，更是因为他们设定了对自己有意义、充满挑战的目标。满足感不是优秀表现的原因，而是结果。我们做和未来身份一致的事情时，会更有动力，也更有可能把一件事做好。

当然，我们都希望做好对自己重要的事情。**但是高效能人士更注重卓越，因此他们会比别人更努力。**

我们如何知道他们更注重卓越呢？因为高效能人士表示，他们自我督促的行为和表现目标的次数更多。高效能人士不仅知道自己有高标准、想要超越他人，他们还会在一天中多次查看自己是否达到了这些标准。正是自我督促让他们获得成功。在对表现进行了几百次研究之后，我发现低效能人士往往自我意识不足，有时会对自己的行为及其结果视而不见。

这些发现和研究人员关于目标与个人意识的发现一致。举个例子，制定目标并经常自我监控的人，实现目标的可能性会提升 2.5 倍。同时，他们会制订更精确的计划，在执行计划的时候也更有动力。研究人员在覆盖了 1.9 万名参与者的 138 项研究的综述中发现，监控过程和最初设定明确目标的环节一样重要。如果不去监控过程，你可能就不会设定目标，也不会期望达到个人标准。这个发现几乎适用于我们生活中的方方面面，包括平凡的小事。想象一下，假设你身体健康，想要减掉几磅。如果不制定目标，跟踪进程，你一定会失败。一项元分析发现，自我监控是提高减肥成功率最有效果的方法之一。

那么，这和高效能表现有什么关系？你需要一项练习来检查自己是否达到了个人标准。很简单，只需每天晚上写日记，并思考以下几个问题："我今天表现优秀吗？我是否达到了自己的价值观要求和预期，展现出了最好的状态并努力做好了工作？"

每天问自己这些问题，你会发现一些残酷的事实。人无完人，总有那么几天，你会对自己的表现感到不满，但这是难免的。如果不进行自我监控，你就无法一直坚持下去，前进的速度也会放缓；如果进行自我监控，或许你时不时会感到沮丧。这是常态。

如果高效能人士的事业没有取得发展，或他们的表现不够优秀，他们就会严格要求自己。但这并不意味着他们不快乐，或者神经兮兮地认为自己一直在失败。我们的研究显示，高效能人士比他们的同事更幸福，他们认为自己比同事的压力要小，他们觉得自己做出了很大的改变，他们的努力也得到了很好的回报。他们之所以这样认为，是因为他们认为自己走在正确的道路上。他们之所以觉得自己走在正确的道路上，是因为他们经常自我监控。

我在和高效能人士的每一次讨论中都发现，他们更愿意面对自己的错误，克服弱点的影响。他们不会回避此类对话，不会伪装自己很完美。他们希望谈论如何改进，因为身份和快乐与成长紧密相连。

那么高效能人士是如何做到经常审视镜中的自己却没有灰心丧气的？或许只是因为他们已经习惯了自我评估。他们对此感到舒适。他们不害怕审视自身、自己的错误和方方面面的表现，因为他们经常这样做。你做一件事次数越多，就越不讨厌这件事。

而且，高效能人士在失败的时候也能严格要求自己，因为卓越对他们的身份来说非常重要。当你的身份说"我是能出色地完成任务的人"或"我是在意细节和事情结果的成功者"时，你会注意不让事情出现偏差。对高效能人士而言，这些话不仅仅是一种肯定，而且是构成他们身份必不可少的部分。这意味着确实有内在压力督促他们把事情做好，而且这一压力很难被改变或消除。

当然，如果高效能人士不够谨慎，他们设定的高标准会产生适得其反的效果。他们会过于苛责自己，很快，自我评估便会令人感到痛苦。出现这种状况的时候，我们不是停止询问自己是否出色地完成了这些事情（因为答案太令人痛苦了），就是继续问下去，直到信心全无。过度担心犯错会增加焦虑感，导致表现不佳。当出色的高尔夫球手在某一洞突然怯场，并不是因为他们觉得没必要好好完成比赛，而是需求导致的预期和压力让他们失去了正常表现的水平。

尽管如此，高效能人士也很少怯场，因为他们已经习惯应对高层次的需求了。

在低效能人士身上检验我们的发现十分重要。低效能人士表示，他们每周进行自我监控的次数只是高效能人士的三分之一到二分之一。他们很少强烈赞同"我要通过追求卓越来强化自己的身份，我每天的行为体现了我的身份"这样的表述。或许，优秀的风险太大了。如果你经常因为自己表现不佳而觉得自己很差，那你自然就会逃避自我评估。但是对低效能人士而言，最尴尬的一件事是：如果他们不经常自我监控，他们的表现就不会得到提升。然而，如果他们经常自我监控，他们就不得不面对不可避免的失望和自我评判。

低效能人士必须制定新的标准，经常性地自我监控，学会坦然地用严苛和无畏的目光审视自己的表现。

我不会假装这是个简单的任务。逃避潜在的消极情绪是人类根深蒂固的本能。我知道，对迫切需求的感知并不总是像彩虹和玫瑰一样美好，努力在人生中各个领域做到最好会让你很容易受到伤害。不断向自己索取更多，不断把自己推到能力极限是很可怕的一件事。你可能做不好。你可能会失败。如果你不能应对自如，你会感到沮丧、内疚、羞愧、难过和耻辱。觉得自己必须要做某事不一定是一件舒服的事。

但我认为，这是高效能人士做出的终极权衡。他们觉得自己必须出色地完成某件事，如果他们失败了，不得不忍受消极情绪，那他们也会接受。他们非常重视需求带来的能让他们摆脱困境的表现优势。虽然他们可能会感到不适，但这仍然值得一试。

不要害怕需求。我向人们介绍需求的时候，许多人对此十分戒备。他们害怕自己能力不足，或无法应对真正的需求带来的困难。但需求并不意味着有什么"坏事"发生了，你"必须"立刻做出反应。需求并不意味着你要承受麻烦的负担。

因此我常常对低效能人士说：

有时候，找回状态最怏的办法是再次对自己产生期待。

继续前进，把你的独特身份和出色表现联系在一起。记得要制定具有挑战性的目标。一项历时几十年、对超过 4 万人进行调查的研究表明，目标具体不易实现的受访者的表现要好过目标模糊且没有挑战性的受访者的表现。

把自己看作一个热爱挑战、追求远大理想的人。你比自己想象中要强大，未来一定会有好事发生。当然，你可能会失败，或许会觉得不舒服。但另一个选项是什么？后退？落后于人，产生自己没有拼尽全力的感觉？在你自己舒适的小圈子里平安地度过一生，感到无聊或自满？这不该是你的命运。

高效能人士能获得长期成功，是因为他们敢于期待自己做到伟大的事。他们不断告诉自己，我必须做某事，而且还要做好，因为那个行动或成就符合他们理想中自己的身份。

高效能人士想要过上美好生活的梦想不仅止于期待和希望。他们会把梦想变成需求，他们未来的身份与此紧密相连。他们希望自己能实现梦想。他们也的确实现了梦想。

痴迷于某个主题或过程

> 作为教练和其他领域的领导者，想要获得成功，就必须产生执着的精神。
>
> ——美国著名篮球教练帕特·莱利（Pat Riley）

如果追求卓越的内在标准让稳定的表现成为必要，那么内在的好奇心就会让它充满乐趣。

你应该能猜到，高效能人士充满好奇心。事实上，好奇心让他们想了解并掌握他们最感兴趣的领域，这是他们成功的特点。这一点适用于所有的高效能人士。他们能感受到一股更高涨的由内而外的动力，让他们长期专注自己感兴趣的领域，培养出更强的能力。心理学家会说，这是因为高效能人士的内在动力充足——他们做事是因为事情有趣、能带来快乐和满足感。高效能人士做事不需要他人的奖励或激励，因为他们认为完成这件事会让他们有内在的收获。

几乎所有关于成功的当代研究都提到，对某件事或某个领域要有深刻而持久的热情。人们提到"勇气"时，指的是热情和坚持的结合。如果你听过"刻意练习"这个词——常常被误认为是"一万小时法则"——你就会知道持续、专注地对一件事进行训练的重要性。结果很简单。在任何领域内达到顶尖水平的都是那些更努力、更专注的人。

但是我发现，高效能人士不仅仅充满热情。人人都能理解热情。热情是可以接受的。我们经常听到"要充满热情，热烈地生活，热烈地去爱"的论调。热情是人们的期望，是通往成功的第一扇门。但如果你能长期保持高度的情感投入和专注度，即使你在兴趣方面的动力和热情有所起伏，即使他人批判你（而且你知道他们说得没错），即使你不断失败，即使为了更进一步而被迫离开舒适区，即使得到的回报和认可太少，即使其他人放弃了或前进了，即使所有一切都告诉你该放弃了——那么你需要的就不只是勇气了，而是很多人所说的不计后果的痴迷。这种特质近乎鲁莽。我在《动机宣言》（*The Motivation Manifesto*）一书中写了这样一段话：

> 我们面临的挑战是，我们已经惯于相信这样的观点——大胆的行动或快速的发展是危险、鲁莽的。但是，适当程度的疯狂和

鲁莽对发展或创新以及做出全新、引人瞩目或有意义的贡献来说是不可或缺的。哪件伟大的事情不是在有些鲁莽的情况下完成的？非凡的事业需要所谓的"鲁莽"才能成功，正是"鲁莽"让我们跨越海洋，结束奴隶制，用火箭把人类送上太空，盖起摩天大楼，解码基因组，创业以及对整个行业进行创新。尝试从没做过的事、打破常规、在一切正常且准备就绪之前就开始行动都是很鲁莽的，但大胆的人知道，要想成功，必须先开始行动。他们也深刻体会到，如果要获得真正的收获，一定的风险是在所难免的，也是必要的。没错，任何进入未知之地的行为都是鲁莽的——但那也是宝藏所在之处。

这种表达拐弯抹角吗？不，来自全球的高效能人士这样告诉我：

如果你热爱你所做的事情，人们会理解你。如果你痴迷于你所做的事情，人们会认为你疯了。这就是两者之间的差别。

正是这近乎鲁莽的想要掌握某事的痴迷让我们迫切地希望提升表现。

在任何需要努力的领域中，你很容易发现不够痴迷的人：兴趣不足的阅读者、心不在焉的爱人、不够投入的领导者。总体来说，他们可能是因为缺少强烈的兴趣、热情或渴望。而有时候，他们充满兴趣、热情和渴望，只是缺少那件至关重要的东西，即持久且无法抑制的痴迷。你和一个人相处几分钟就会知道对方是否痴迷于某件事物。如果是，他们会对学习和谈论某件具体的、对他们而言很重要的事情感到好奇、十分投入并非常兴奋。他们会说"我很喜欢我正在做的事情，我十分着迷"，或"我生活、吃饭、呼吸时都想着这件事；我无法想象自己做其他事情——这就是我"。他们谈到在所在领域追求卓越、做到精通时充满热情，态度明确，会记录为达成目标而花在学习、练习和准备上的时间。他们把自己痴迷的事物写在日程表上，并为之付出努力。

当你意识到自己不仅热爱一件事，而且痴迷于此的时候，这件事就开始和你的身份产生联系。

它从渴望感受到某种情绪状态 —— 热情 —— 变成了渴望成为某类人。它成了你的一部分，成了你最重视的事情。对你而言，它成了必不可少的事。

正如许多人害怕给自己制定高标准一样，很多人也害怕痴迷于某事。他们更喜欢随意的兴趣和转瞬即逝的念头。拥有和身份无关的热情更容易。

值得一提的是，高效能人士能应对这种内在压力。他们不介意深陷于热爱的事物之中。不必害怕痴迷，事实上，痴迷更像是一种荣誉勋章。当人们痴迷于某事的时候，他们乐在其中，认为没必要为此向其他人道歉。他们会花好几个小时去完成一项任务或提升一个技能。他们对此十分热衷。

有没有"不健康"的痴迷？我认为这取决于你如何定义。如果你痴迷于一件事，开始上瘾或不可抑制地想到这件事，那就有。这不算健康。如果你认为痴迷是"持续占据头脑，以致带来困扰"，这是韦氏字典对这个词的定义之一，那就有。如果痴迷已经到了"带来困扰"的地步，或许它就是不健康的。但是韦氏字典对痴迷的定义还包括：

- 一个人不停或经常想到某人或某事的状态，特别是以一种不正常的方式。
- 一个人不停或经常想到的某人或某事。
- 一个人非常感兴趣或花很多时间去做的事。
- 对某人或某事持久的、不正常的强烈关注或关心。

我不认为这些定义非常不健康。所以还是取决于你如何定义。据我了解，高效能人士的确需要花大量时间思考并去做令他们痴迷的事。这是不是"不正常"？字面意义上是。

但正常也不一定代表健康。

让我们诚实面对这点：在当今这个很难集中注意力的世界，正常情况下，人们花在一件事情上的时间通常约为 2 分钟。如果不正常的专注是"不健康的"，那么高效能人士确实有罪。但是我并不认为高效能人士是不健康的 —— 而且我观察他们的时间比任何人都多。想要知道你的痴迷是否健康非常容易：当你的痴迷控制了你而非你控制它，当痴迷开始摧毁你的生活、破坏你的人际关系、在你周围制造不快乐时，那你就遇到麻烦了。

但是，高效能人士不会遇到这样的麻烦。否则，从定义角度看，他们就不属于高效能人士了。数据也证明了这一点。高效能人士很幸福。他们很自信。他们吃适量的健康食物，还进行运动。他们能比同事更好地应对压力。他们热爱挑战，认为自己带来了改变。总而言之，可以说是他们控制着一切。

正是因此，我鼓励人们不断尝试，直到找到激发特殊兴趣的事物。如果这个兴趣符合你的个人价值观以及身份，那就沉浸其中。对一切充满好奇心。对一件事情充满热情，不断探索。唤醒那个希望痴迷于一件事并掌握其门道的自己。

当较高的个人标准遇到深深的痴迷时，强烈的需求就出现了。高效也会随之而来。而这只是需求的内在需求。当事情开始变得有趣时，外在需求就会出现。

在介绍外在需求之前，让我们先来回顾下面的表述：

- 对我而言，重要的价值观包括……
- 最近，在……情况下，我违背了自己的价值观。
- 我觉得在……时，没必要遵循我的价值观。
- 最近，在……情况下，我遵循了自己的价值观或表现得像某类人，对此我感到骄傲。
- 我认为有必要成为某种人，是因为……

■ 我对……感到痴迷。

■ 我对……的痴迷是不健康的。

外在需求

> 你永远不知道自己能有多强大，直到除了强大你别无选择的那一刻。
>
> ——牙买加歌手、"雷鬼乐之父"鲍勃·马利（Bob Marley）

任何能促进你好好表现的外在因素都是外在需求。有些心理学家称之为"压力"，但是我很少用这个词，因为它包含很多消极意义。多数情况下，推动高效能人士表现卓越的不是没完没了、不受欢迎的压力。和所有人一样，高效能人士也有义务和最后期限，但是差别在于，他们会有意识地选择义务，因此他们不会把义务看作迫使自己表现好的消极压力。他们的表现不是被动的，而是主动的。

我以前对此有错误的理解。在一项对高效能指标的试验研究中，我们让参与者评价自己是否强烈赞同下面这一表述："我感受到来自同事、家人、老板、导师或文化的外部需求推动我获得更高层次的成功。"一开始我感到惊讶，因为答案显示这一表述和高效能表现无关。在询问高效能人士这一结果的过程中我了解到，这是因为他们想获得成功的原因不是其他人。如果他们确实感到了来自他人的压力，并因此表现水平得到提升，这种压力可能仅仅是加强了他们已经在坚持的选择或行为。换言之，高效能人士并不认为外在需求对他们的表现有消极影响，也不把外在需求与表现看作因果。

这意味着高效能人士的行事方式并不是心理学家常说的"反应式"，即明显的侮辱和威胁激发的意图回击或对抗的行为。高效能人士认为有必要采取行动，并不是因为他们想要对抗"体制"或打压他们的人。高效能人士并不是在想要反抗或受到威胁的时候才充满动力。"消极的"动机当然存在，但是单独存在的消极动机不会持续太久，也不会造成太大影响。

多数情况下，高效能人士会把"积极的"外在需求看作表现提升的原因。他们希望能好好表现，实现自己认为有意义的目标——实现更高的目标能带来积极的压力。即使是义务和紧迫的最后期限——很多人都不喜欢这两者——都被视作提升表现的积极因素。

了解这一点之后，我们再来介绍两股主要的积极外在需求，它们是提升表现的动力，也可被称为压力。

社会责任、义务和目的

> 出于责任，我们会把事情做好，但是出于热爱，我们会把事情做到完美。
>
> ——美国牧师菲利普斯·布鲁克斯（Phillips Brooks）

高效能人士常常因为对其他人或其他事的责任感而认为自己有必要好好表现。他们认为有人在依赖他们，或者他们在努力兑现一个承诺、履行一份责任。

我对责任的定义十分宽泛，因为高效能人士就是这么做的。有时候，高效能人士谈到责任时，指的是自己需要为他人做某事或要为自己的表现负责（无论是否有人要求他们做他们认为有义务做的事情）。有时候，高效能人士把责任看作满足他人期待或需求的义务。有时候，他们认为责任是遵守一个组织的惯例或价值观，以及坚持这个组织对对错的道德准则。

我们为他人做的事总是比为自己做的多，这一点完美地诠释了责任推动表现的作用。我们虽然知道自己需要睡眠，但还是会在半夜醒来安抚哭闹的孩子，这是因为我们认为在这种情况下，为别人做事更有意义。这种需求往往是最强大的动力。所以如果你觉得自己表现不佳，你可以问问自己："现在谁最需要我？"

如果再加上这份责任感——让人们知道你会尽责地帮助他们——需求就会变得更强烈。大量研究表明，如果人们要为结果负责，接受更多次评估，有机会展示自己的专长或得到服务对象的尊重，他们往往能保持动力，更加努力，表现更好。换言之，如果你是为了某人而要做好某事，并认为好好表现能让你展示出你的专长，那你就会认为有必要更好地表现。比如，当我们要受到多次评估，并且要为团队表现负责时，我们会更加努力，也会做得更好。

这一切听起来很不错，但我们都知道，对他人的责任感在短期内常常让人有消极的感受。很少有父母渴望半夜醒来给孩子换尿布。多数情况下，这是义务，而不是暖心的爱。父母会抱怨这项义务吗？当然会了。但是长期来看，履行这份"积极"的义务让他们觉得自己是优秀的父母，这至少是推动他们履行义务的部分原因。换言之，履行义务的外在需求在短期内会让我们感到痛苦，但是之后会带来积极的结果。

低效能人士很难意识到义务不一定是麻烦事，正因如此，我们发现在工作中，低效能人士比高效能人士抱怨责任的次数更多。有些责任就是让人很想抱怨。例如，如果你对家庭负责，你或许会住得离父母很近，或给他们寄钱。对很多人而言，这种责任像是枷锁，但履行责任会带来积极的幸福感。

在工作中，"做对的事情"这个想法会让人们产生积极情绪，好好表现。对组织的研究发现，最忠诚的员工认为，自己如果离职会损害公司未来的发展，那离职在他们看来就是"错误的"，特别是在公司变革时期。通常，即使需要长时间工作，他们也会加倍努力地帮助管理者。出于对任务的责任感，他们放弃了一时的舒适。

高效能人士明白履行责任的需求，所以很少抱怨为获得成功必须完成的任务和必须履行的义务。他们知道扮演好自己的角色、满足他人的需求是这个过程的一部分。即使现在很痛苦，将来也会变成好事。正是这些发现激励我用不同的眼光看待人生中的责任。我学会了调整做事的态度，少抱怨，认识到大多数我"必须"做的事其实是有益的。

我意识到，当你有机会服务他人时，就不要抱怨你付出的努力。

你有服务他人的动力时，就能长时间保持良好表现。为什么士兵和将领往往表现非凡？因为他们对自己之外的事情——比如国家和战友——抱有责任感。

因此，高效能人士也认为，"目的"会促使他们做出最好的表现。他们认为自己有责任或义务实现更大的愿景、任务或职责，责任感和使命感激励他们克服了迈向成功道路上的艰难险阻。

事实上，当我和高效能人士对话时，他们总说，除了做好自己在做的事，他们"别无选择"。这并不代表他们认为自己失去了自由，仿佛有一个专制的领导在逼迫他们做某件事。他们的意思是，自己必须做某事，因为那是他们的职责。他们认为自己得到了独特的机会。通常，他们认为自己现在的表现会对自己或者很多人的未来产生深远的影响。

当你和位列前 15% 的高效能人士谈话时，他们普遍会提到自己有责任完成更高的使命。他们总说，影响力、命运、某个关键时刻、上帝或对下一代的道德责任是他们表现的主要推动力。他们说，自己需要好好表现，因为他们知道有人需要自己。

最后期限

> 没有紧迫感，欲望就失去了价值。
>
> ——吉米·罗恩

为什么在踏上运动场的前几周，运动员会加大训练强度？为什么销售人员在季度末会表现更好？为什么父母在孩子快开学前更有打扫收拾的动力呢？因为严格的最后期限是让人采取行动的终极动力。

真正的最后期限在表现管理中是一个不受重视的工具。我们更愿意谈论目标和时间线，设定"最好在这个时间完成"的期限来达成目标。但只有设定真正的最后期限，才会实现高效能表现。

什么是"真正"的最后期限？真正的最后期限是一个重要的日期，如果到期未完成任务，就会造成消极结果。既然是真正的最后期限，那么如果按时完成任务，就会获得收益。

人生中有很多最后期限。区别在于高效能人士总是会朝着他们认为重要的最后期限前进。他们知道最后期限是什么时候，也知道完成任务会带来哪些真正的结果和回报。但同样重要的是，高效能人士不会理会虚假的最后期限。

虚假的最后期限通常是有具体截止日期但没有实际意义的活动，这类期限满足了某些人的偏好，是即使到期没有完成也不会产生任何真正后果的虚假需求。我的一位客户格林·贝雷称之为"小团体消防演习"。

我会用以下方式来区分真假最后期限。无论何时，如果有人给我发邮件提出请求，无论是否有截止日期，我都会这样回复：

> 谢谢您的请求。您能否告诉我"真正的最后期限"是什么时候？这里的最后期限指的是世界末日、您的事业结束或者多米诺效应导致我们死亡的日期，在此之前的所有日期都是您的偏好。出于尊重，我想告诉您的是，在收到您的请求前，我已经收到了100份类似的请求了。因此，为了更好地为您服务，我必须按照确定的截止日期进行排序。您能告诉我最终的截止日期及设定为那一天的具体原因吗？之后，我会确定优先顺序，合理地和您进行协调，同时会提供一如既往的优质服务。谢谢您！
>
> 布伦登

　　我之所以会发这封邮件，是因为我知道如果我一味满足他人虚假最后期限的要求，我很快就无法保持高效了。我属于讨好型人格，很容易分神。明确真正的最后期限这一习惯是我和我认识的其他高效能人士保持高效的原因。

　　最近，一项对 1100 位高效能人士进行的调查显示，低效能人士陷入虚假紧急状况或设定虚假截止日期的次数是高效能人士的 3.5 倍。高效能人士能更专注地在重要的时候做真正重要的事。

　　但这并不是因为高效能人士是超人，且总是专注于最后期限。事实上，多数情况下，高效能人士面对的真正的最后期限往往是他人和外部势力安排给他们的。奥运会选手无法选择奥运会的举办时间，CEO 也无法设定市场强加给他们的季度需求。

　　如果让我自己做计划，或许我永远都写不成这本书。但在某些时刻，我觉得，如果写不完这本书，家人会埋怨我，朋友会逼迫我，出版商会放弃我。当然，我丢掉了自己设定的一些虚假的最后期限。但当我设定好真正的最后期限，当出版商向零售商做出承诺，当我的妻子期待假期时，忽然之间，我每小时的创作量会翻倍。

　　但是，高效能人士不是因为担心完不成任务会导致的后果才按时完成任务的。事实上，大多数高效能人士希望按时完成任务，是因为他们希望看到自己工作的成效，也希望继续进入下一个自己选择的项目或机会。我想写成这本书，并不仅仅是因为我害怕完不成任务带来的不良后果；我很期待完成这本书，是因为我希望把它呈现给读者，让我有更多时间关心家人，让更多读者懂得去关心家人。

　　这个例子展现了真正的最后期限的另一面：它们本质上是社交上的最后期限。高效能人士按时完成任务，是因为他们意识到自己这样做会对他人产生影响。

　　事实上，当你选择关心他人并对世界做出贡献时，你会遇到越来越多的最后期限。

有些人或许会认为最后期限的压力会让人痛苦，但是据我观察和其他研究发现，事实并非如此。最新的一项研究发现，设定最后期限不仅有助于让人更专注地完成任务，也让人能更轻易地"放手上一个任务"，更专注地对待下一个任务。也就是说，设定最后期限有助于明确地结束每项任务，这样一来，我们就能全心全意地对待正在进行的任务了。

不断激发需求

身份。痴迷。责任。最后期限。如你所想，四项中的任何一项都有助于我们提升自我。但当内在需求和外在需求相结合时，你就会产生更强烈的需求，也会有更强大的动力。

需求是一个敏感话题。很多人真的不喜欢需求——他们讨厌任何形式的压力。他们不想要内在压力，因为会带来焦虑。他们也不想要外在压力，因为不仅会引起焦虑，还会导致真正的失败。即使如此，数据还是明确表明：高效能人士喜欢需求。事实上，他们需要需求。正是需求带来了热情。

举个例子，想象一下，你的同事是位居前 2% 的高效能人士。他们对你说："我觉得自己不如以前那么能坚持、那么自律了。"你接下来会做什么？你会让他们做性格测试或优势评估，或者到森林里度个假放松吗？

我肯定不会。我会认真地和他们谈一谈需求的问题。我会找到他们认为自己一直在坚持的例子，和他们一起探索前文中需求的四个方面，看看哪些因素是他们曾经表现非凡的原因。之后，我会反复提到这四个方面，努力让高效能人士深刻地感受到自己对成功的渴望。他们的渴望来自身份、痴迷、责任和最后期限。如果他们没有痴迷的对象，没有做某事的义务，也不担心会失去或错过某事，那我就会让他们去找一件自己非常在乎的事情。在他们明确这四个方面的内容之前，我会一直提醒他们。

这也是我对艾萨克进行的指导。艾萨克是那位认为自己没用并为此苦苦挣扎的士兵。我让他从一个全新的角度思考自己的人生，重新找回受伤前痴迷的对象，下决心为了家人恢复健康，改变思维方式，这样一来，他就可以重新工作了。这并非易事，但是最终，艾萨克重新找到了自己，再次对人生充满热情。

重点：不到万不得已的时候，我们不会不断改变并提升自我。当内在需求和外在需求都足够强大的时候，我们才会做成一件事。我们跋山涉水。在最困难的时候，我们要记住自己的目标。在感到恐惧以及和困难与黑暗做斗争的时候，我们要找到光明，并要长期保持积极、乐观的表现。以下是三个可以激发更强烈需求的练习。

练习一：明确谁需要你的最佳表现

> 我们不只要变得优秀，我们的存在也需要对某些事物有利。
>
> ——美国哲学家亨利·大卫·梭罗（Henry David Thoreau）

如果想发掘内在和外在需求，试试下面这个简单的练习。给自己设定一个"桌子提示"。从现在开始，当你在桌旁坐下的时候——这是提示动作——问自己：

"现在谁需要我的最佳表现？"

你一坐下，就要自问自答这个问题。这就是我说的练习。我喜欢这个练习的原因如下：

- 这个练习很简单，人人都能做到。
- 它的提示动作和你平时经常做的事情相关：在办公室的椅子上坐下来。无论椅子是在厨房桌子旁，还是在高层的经理办公室，我能肯定，你经常坐在上面。

- 这个练习迫使你进行一次源自直觉的快速检查。"最佳表现"这个词就能督促你做一次自我回顾：我的最佳表现是怎样的？我今天拿出最佳表现了吗？在接下来的一个小时或更长时间里，我的最佳表现会是怎样的？

- 这个问题还会促使你想到他人。无论是出于责任、义务还是目的，你注意到了他们，现在你需要为他人或集体服务。当你需要为他人行动时，你往往会表现得更好。

- 最后一点，我喜欢"现在最需要"这个说法。它意味着你要关注最紧迫的事实，而"最需要"一词也会让你审视自己的首要任务——没错，你猜对了——也就是你真正的最后期限。

我开始让客户进行这个练习，是因为我遇到的高效能人士总是不断思考自己是否拿出了最佳表现——不仅为自己，也为他人。他们经常评估自己的表现。桌子提示的目的就是让你把自我评估培养成有意识的习惯。同时，也是为了让你拥有服务精神，因为高效能人士就是这么做的。他们对人生充满感激，对他人也十分慷慨。

人们总是让我阐明最佳表现到底是什么意思，以及如何做到最佳表现。最佳表现描述的是全心全意、全力以赴地做好手头唯一的任务的情形。如果要实现最佳表现，你需要激发内在和外在的需求力量。具体来说，你需要想象自己是一位高效能人士，然后设定需要全心全意投入的场景。换言之，身份和投入能帮你实现最佳表现。

在人生中，你可以选择自己的身份——你希望成为什么样的人以及你想如何表现。身份的选择会对你的表现产生巨大影响。想一想下面这些身份之间的区别：

尝鲜者的兴趣转瞬即逝。他们会关注很多东西，也会尝试很多事情，但他们从来不会全心全意地去做任何事。

初学者对某事也有兴趣，但是他们至少希望在某个领域有所造诣。他们比尝鲜者更投入，但他们的问题是不能很好地应对挫折。初学者遇到困难就会停下脚步，因为他们在努力过程中没有强烈的身份认同。

业余者有更浓厚的兴趣。他们有热情。他们能全心投入一个专题并想做得更好。他们能比初学者战胜更多的困难，但是他们必须得到迅速、积极的反馈或认可，否则就会一直处在一个不专业的阶段。换言之，他们需要得到很多来自外界的认可才能继续。

玩家充满热情，同时更投入，也更专业。他们非常专注，告诉自己要成为某一领域的专家。他们会不断超越他人，并发现回报和收入会让自己感到快乐。如果形势或规则发生了变化，他们很快就会感到苦恼。玩家非常需要规则和惯例。他们不喜欢突发事件或消极反馈。他们如果参与一件事，就需要高层次的公平——如果团队中有人收入比他们高，他们就会感到不满，然后退出。他们决心在自己的位置上获得成功，但很少在比赛（或人生）的其他领域获得全面的成功。对他们来说，除了成功，其他的都不重要。

高效能人士是需求更高、技能和团队精神都更强的玩家。他们在表现的时候会全心投入。无论得到的认可或回报如何，高效能人士都会拿出最佳表现，因为他们在做的事情本身就能给他们带来回报，同时也是他们服务于世界的方式的一部分。他们的身份和他们的职业紧密联系，但同时也和团队与服务对象密切相关。他们不希望自己只精通该行业的某一个领域，而是希望自己成为业内的权威。然而，不同于玩家，高效能人士不介意与人分享荣誉。他们的个人表现出色，对团队负主要责任，在各个领域都是大家求助的对象。他们之所以脱颖而出，不仅仅是因为个人的非凡表现，更是因为在他们的影响下，其他人也变得更优秀了。

虽然，相比书中的其他表述，上面的话更加随意，但我经常和人们分享这些内容，帮他们认识到自己是有选择的。你如果想拿出自己的最佳表现，就不能做尝鲜者、初学者、业余者或玩家。你必须有意识地做出选择，努力让自己成为高效能人士。你如果希望自己始终能拿出最佳表现，就必须为自己设想出一个高效能人士的身份，然后努力去贴近你的想象 —— 每天都要去做。

除了选择高效能人士的身份之外，你必须全身心地投入到促使自己发展的活动中去。你不能一副趾高气扬的样子，认为自己就是最好的。你必须把自己放到能让自己好好表现的环境中。幸运的是，研究明确地列出了能让你发掘挑战性且需要全心投入的事情。在积极心理学中，这个流行观念被称为"心流"。米哈里·契克森米哈赖（Mihay Csikszentmihalyi）认为，当以下几个因素出现时，你可能就进入了心流状态：

1. 有明确、具有挑战性且可达成的目标。

2. 需要集中注意力，密切关注某事。

3. 你在做的事情可以带来内在的回报。

4. 你失去了一些自我意识，感受到了平静。

5. 时间静止了 —— 你专注于现在，忘记了时间。

6. 你的表现能得到及时的反馈。

7. 你的技能水平和当前的挑战之间达成了平衡，你知道尽管你现在做的事情很困难，但你有能力做到。

8. 你认为自己可以控制局面和结果。

9. 你不再思考自己的生理需求。

10. 你能全心全意地关注当前正在做的事情。

你可以利用上面提到的几点，在服务于想服务的对象时提高出现最佳表现的概率。或许，这最后一部分 —— 关于服务他人的部分 —— 能让你的心流状态变得更加攻无不克。因此，我希望你把这个练习看作一个机会，为了他人，拿出你的最佳表现。不要只关注自己的表现或感受，而要找到一个为他人表现的理由，找到值得为之奋斗的人或事。如果你认为自己有必要为了他人拿出最佳表现，你就能更快地实现高效能表现，保持高效的时间也会更长。

表现要点：

1. 现在需要我最佳表现的人是 ＿＿＿＿＿＿＿。

2. 这些人需要我的原因是 ＿＿＿＿＿＿＿。

3. 我希望为他们每个人成为高效能人士的原因是 ＿＿＿＿＿＿。

4. 我知道当我想到 ＿＿＿＿＿＿、感受到 ＿＿＿＿＿＿ 或做到 ＿＿＿＿＿＿ 时，我的表现就是最好的。

5. 导致我表现不佳的事情是 ＿＿＿＿＿＿。

6. 通过 ＿＿＿＿＿＿，我能更有效地应对那些事情。

7. 如果我需要为了某人拿出自己最好的表现，我可以给自己设置的提示包括 ＿＿＿＿＿＿。

练习二：承认目标背后的原因

> 当一个人下定决心的时候，天意也会发生改变。
>
> —— 德国文学家歌德（Goethe）

高效能人士不会把他们的目标或目标背后的原因当作秘密或对此保持沉默。他们会自信地对自己和他人承认目标。这个练习是必要的，足以区分高效能人士和低效能人士。通常，低效能人士不知道自己目标背后的真正原因，他们也不愿承认与谈论已知的原因。

承认指的是声称或坚定地表示某事是真实或经过证实的，是自信地说某事是真的或将要发生。这就是高效能人士谈论目标及其原因的方式。他们不会使用模棱两可的语气。他们对自己努力工作的原因十分自信，会骄傲地告诉你他们的目标。事实上，我发现高效能人士很喜欢和别人谈论他们做所有事情的原因。例如，表现优秀的运动员谈及自己的训练，特别是他们那天选择某个具体训练的原因时，会特别开心。他们会花很多时间告诉你自己坚持某个日常活动的原因——"我每天用 75% 的力量做三组蹲起训练，是因为我觉得自己平衡感不够好"——还会告诉你这个日常活动的内容是什么或是如何进行的。

我刚开始和高效能人士合作的时候，总在想他们是不是只是喜爱夸夸其谈的外向人士。或者他们是不是有某种超凡的个人魅力，让他们的行动理由听起来比别人的更吸引人。我的两个猜测都错了。性格和高效能表现没有关系。内向者也能像外向者一样成为高效能人士。

同时，我也了解到，虽然高效能人士在和他人分享原因时非常热情，但是他们很少宣称自己的方法永远是对的。没错，他们对自己的目标十分自信，但是在采访中，很多高效能人士明确表示，他们质疑自己的方法是不是最好的可行办法。他们对更好的方法持开放态度，因此他们常常能找到成功的新方法。也就是说，高效能人士对目标背后的原因十分自信，同时对达成目标的方法持开放态度。

向他人承认原因，不仅会让高效能人士更加自信，还会导致社会影响和社会义务的产生。我如果告诉你我要完成什么目标及其背后的原因，说得好像这件事马上就要发生，并宣称我要做成这件事，那我的自尊心现在就处在危险当中了。这种行为是有社交风险的。我承诺我将做成某事，如果这件事没有发生，我就没有兑现诺言，没有遵守承诺。这样做可能会让我显得很傻或是不诚实。我不希望发生这样的事。

正是出于这种理由，我建议你要不断对自己和他人承认目标背后的原因。

我所说的对自己承认原因，指的是用肯定的语气对自己表态。以我自己为例，大约 11 年前，我决定在动机、个人发展与职业发展领域拓展一下人脉。当时，视频网站、在线视频营销和在线教育事业刚刚起步，正在获得大量关注。于是，我决定开始录制视频，制作在线课程。但问题是，我非常不擅长录制视频。当摄影机的灯亮起来时，就算你给我钱，我也记不住三句话，而且我不知道在镜头前如何表现才自然，也不知道该把手放在哪儿。我表现得很糟糕。

但我有一个优势，就是我知道对自己和他人承认目标背后的原因这个练习。所以在录制视频之前，我会对自己说："布伦登，你做这件事是因为它很重要。想想你的学生们。你能激励他们、帮助他们实现目标。这就是你的目的。你要为他们做好事。你会喜欢做这件事的，你会帮到很多人。"

我说这番话不是为了让我相信我可以在镜头前表现得更棒。这不是重点。我是在自信地告诉自己，我今天要在镜头前好好表现的原因。正是通过这次提示，我为表现需求明确了原因。

同时，请注意我是在用第二人称对自己说话，我的肯定话语更多地建立在内在回报（帮助他人、享受过程）而非外在回报（完成视频录制、卖课赚钱、获得奖励或得到不错的反响）上。这是你该模仿的，因为并不是所有的肯定话语都是一样的——源自内在的更有力。

如果你觉得这些话听起来很假，那你真的需要多接触高效能人士了，因为他们真的会说这些话，也真的会做这些事。他们会和自己说话——大声说——还会提醒自己什么才是真正重要的事。如果你站在奥运会的运动员通道上，就会听到运动员在走向赛场前在对自己说话。他们在对自己好好表现的原因做出肯定，即使他们并不称其为原因。你还可以到后台看看世界一流的演说家，他们不仅仅是在预演自己的演说词，还在思考演讲的原因。研究人员在治疗中也发现了这一点。当焦虑症患者勇敢地克服困难时，他们最常用的办法就是提醒自己目标的价值。

为了在视频中能有更好的表现，我也会对许多认识我的人承认我的目标背后的原因。我开始告诉朋友和家人我要录制在线课程，以及这件事的重要性。我承诺在接下来的一周内会把课程链接发给他们，让他们在同一周内把反馈发给我。当然，很多人会一笑置之，口头应允。但我不需要他们来肯定我，我需要的是自己公开肯定自己，这样一来我就能创造出一个需要我遵守诺言的环境。一旦我做出承诺，遵守诺言的需求就会推动我更好地表现，按时兑现承诺。我创造出了外在期待，让人们认为我将要做某事，并能按时做到。如果我没能做到，数百万名已经看完系列视频和视频课程的学生就永远不会从中受益。承认原因一直是我保持高产的秘诀。

当我们把一件事说出口的时候，这件事就变得更加真实和重要，我也就更有必要兑现诺言了。所以，下次你想提高表现需求时，对自己和他人说明你想做什么并讲明原因吧。

表现要点：

1. 我希望做到极致的三件事是 _____。

2. 我希望在上述领域实现卓越的原因分别是 _____。

3. 我会把这些目标及其背后的原因告诉 _____。

4. 我会用肯定的语气大声地对自己承认目标背后的原因。我会说 _____。

5. 我提醒自己重要目标及其原因的方法是 _____。

练习三：升级社交圈

> 找到能挑战你、激励你的一群人，多多和他们相处，这将改变你的一生。
>
> —— 美国演员艾米·波勒（Amy Poehler）

当我受雇去指导某人实现高效能表现时，最简单的速成法就是让他们和社交圈里最积极、最成功的人多多相处。你的社交圈包括家庭、职场以及社区中一直都和你关系最紧密的人，是你经常聊天或碰面的对象。我告诉我的学员，他们的任务是多接触自己圈子里最优秀的人，少接触负能量较多的人。这是一种简单的速成法，但只覆盖了一部分。

如果你真想在人生中的任一领域提升表现，那你需要结识希望达到高效并重视高效的新朋友。扩大你的社交圈，结识更多比你专业、比你成功的人，多花时间和他们相处。因此，你不仅要多花时间和现在认识的积极或优秀的朋友相处，还要认识新的朋友。

或许，你早就知道自己应该这样做了，因为你听说社交圈的作用很强大。但你或许还不理解社交环境会对你产生多大的影响。

过去 10 年中，研究人员发现了一个有趣的现象——"聚类"（clustering）。他们发现在社交集群中往往会出现相似的行为、态度和健康状态。你周围的人甚至会影响你的睡眠时间、饮食、消费和存款。这一动态被称为"社会传染"（social contagion），它既有不良影响，也有好处。

从负面角度来看，研究人员发现，吸烟、超重、孤独、抑郁、离婚和吸毒等不良行为和后果在社交群体中发展得更快。如果你的朋友吸烟，你很可能也会吸烟。你的朋友中超重或离婚的人越多，你超重和离婚的可能性也就越大。

同理，幸福感和亲社会行为等积极内容也会在社交群体中传播。举个例子，如果你的朋友很幸福，你幸福的概率也会上升 25%。研究人员还发现，在音乐、足球、艺术、排球和网球等领域中，专业、一流的人才常常扎堆出现。

这种"传染"效应往往分为三类。也就是说，能影响你的人并不只有你的朋友和家人。研究表明，你朋友的朋友也会影响你，你朋友的朋友的朋友也会影响你。这三类人对你所处环境的影响依次递减，而这三类人之外的人都不会对你产生太大影响。因此，认真管理社交圈里的成员非常重要。

当然，我们不可能永远都能自行决定谁能成为我们的朋友，特别是在年轻的时候，这就是现在很多人都有不良行为的原因——他们受到了不好的影响。在家庭功能严重失常（例如，父母离婚、滥用毒品、有精神疾病、忽视或虐待子女）的家庭中长大的儿童在心理健康和生理健康方面出现不良后果的风险会增加。同时，经历过虐待的儿童也会遇到严重的认知和情感问题（例如，较小的前额叶皮质【大脑的决策区域】和较小的海马体【大脑的记忆中心】以及过多的压力反应）。在贫困中长大的儿童遭遇犯罪、暴力、监禁、父母监管缺失、毒品滥用、性侵和体罚的概率也会更高。

这些事实对处在不良社交圈里的人来说或许十分沉重，他们或许会问："难道我注定要像我的同伴一样差劲吗？"

回答是一句斩钉截铁、声音洪亮的"不是"。事实证明，高效能表现与文化或社会环境没有关系。你应该记得，这是因为高效能表现是一种长期行为习惯。随着时间的推移，你能够摆脱消极影响，让你的习惯和社交环境朝着高效的方向发展。这不是鼓励或安慰你的说辞。长期以来的研究都表明，如果找到正确的信念和策略，一个人能摆脱原生文化和过去的影响。例如，当出身不好的孩子相信自己能够通过努力做出改变时，他们的成绩能从倒数提高到班里的前几名。

最近一项调查了 16.8 万名十年级学生的研究证实了这一点。研究人员收集了与学生学业成绩、社会经济地位以及对"通过努力可以做出改变"的相信程度有关的数据。或许你已经猜到了，社会经济地位高的学生比社会经济地位低的学生表现好得多。然而，相信自己可以通过努力做出改变的信念可以抵消社会经济地位方面的差距。事实上，社会经济地位处于末端 10% 但相信自己有能力做出改变的学生表现得和社会经济地位处于前 20% 但认为自己的能力无法改变的学生是一样的。也就是说，经济差距——以及伴随着较低经济地位的消极因素，例如较大的压力、较差的学校、营养不良情况——对相信自己可以通过努力做出改变的学生而言，在很大程度上是可以被消除的。

科学研究一直都表明，即使在周围的环境或氛围不理想的情况下，有些人仍然能保持他们的优势。原因在于他们的思维方式。也就是说，无论是否有社会支持，你都能通过思维方式振作精神，改善情绪，增强记忆力，提高反应速度，提升幸福感，提升表现。

过去和环境不会阻碍任何人的发展。我们能够掌控改变生活和提升表现的因素。我分享这一点，是因为许多人认为，如果没有理想的社交圈，就无法获得成功。所以在我告诉你升级社交圈之前，绝对不要认为凭借自己的力量改变不了人生。社交支持只是会让个人发展和整体成功更简单、迅速、快乐而已。

正是因此，高效能人士才会花更多时间和积极而非消极的人待在一起。

高效能人士在寻求能力、经历或成功程度与他们相同或更高的对象共事时，更具有战略性，能坚持更久。

高效能人士会主动和更成功的人联络或建立关系。在工作中，他们往往会和比他们更有经验、组织头衔比他们"高"的人交流。在个人生活中，他们会主动远离消极的、争吵不断的关系，而且向更成功的同伴寻求帮助的次数比他人多。

这不是说高效能人士已经摆脱了生活中所有消极、难相处的人。有传闻说，如果想要获得幸福和成功，你必须"摆脱"人生中所有消极的人。我们总会听到人们说："如果你的朋友不支持你的梦想，那就不要和他们做朋友。""你的伴侣是不是无法让你快乐，无法满足你所有的需求？快离婚吧！""学校里的孩子们是不是不喜欢你儿子？快给他换个学校！"

这些都是不成熟的建议。学会和与你不同的人、挑战你的人相处可以帮助你变成更成熟、适应力更强的人。如果你身边的人不能一直保持乐观积极，你就要把他们从你的人生中"剔除"，那你最后只能孤独地待在一个岛上，和椰子说话了。

每个人都有难过的时候。每个人都会经历挣扎。没有人有义务一路鼓励你。我们必须接受这个事实，不要放弃不能一直保持好心情的人。

你的家人、朋友、同事都会有很多不开心的时候。他们对你态度不好的很多时候，事情其实都与你无关，而是因为他们在自己的世界里遭遇了困难。很多人会经受心理疾病的折磨。人生中会遇到许多朋友，但他们也会离开你。抛弃朋友的想法既不成熟，也不合理。有时候，爱是同理心和耐心的总和。

建立你需要的社交圈

> 要有意识地融入积极、有意义、令人兴奋的群体——他们相信你、鼓励你追求你的梦想、为你的成功感到高兴。
>
> ——美国演员杰克·坎菲尔德（Jack Canfield）

你不需要在消极的人身上花太多精力。追求目标的人没时间浪费在闹剧上。我的建议是：与其"摆脱"生活中消极的人（特别是你的家人、朋友、忠诚的同伴或需要帮助的人），不如花更多的时间和积极、成功的同伴相处，以及建立一个全新的社交圈。

你可以花时间应付麻烦和争吵，告诉周围的人，你不希望也不需要他们出现在你的人生中，但你也可以利用这些时间建立新的社交圈。是摆脱过去的社交圈还是新建社交圈？我会致力于后者。

我还想打破一个我总能听到的、年轻人尤其爱用的借口，那就是"我没有认识成功者的渠道"。这往往是未经研究证实的个人看法，不是事实。事实上，当今世界联系如此紧密，你说你没有机会接触到谁，向他们学习，与他们合作，为他们工作或通过效仿他们来提高自我，都是站不住脚的。真正的问题不是他们是否存在，而是你是否愿意努力寻找、联络、叨扰他们，或努力提升自己，让自己有资格进入他们的圈子。

　　你会怎么做？以下是我列的清单，可以帮助你进入一个更成功的社交圈。

1. 多认识一个厉害的朋友

　　如果想做出改变，你不需要认识一群新朋友。你只需要多认识一个积极的人，让他／她激励你拿出最好的一面。所以，下次晚上聚会的时候，找到你最积极、最优秀的朋友，让他／她带上一两个朋友一起来，然后多和他们相处，每周多半个小时就行。多一个积极的朋友，你迈向美好生活的步伐就会加快一点。

2. 参加志愿活动

　　当我遇到认为自己周围都是消极者的人时，我总会先拿出这一招。志愿者是热情积极的人，是给予者。为了你的个人发展和心理健康，你一定希望周围充满服务精神。你希望待在志愿者周围的另一个原因是，志愿者往往是受教育程度更高、生活更成功的人。受教育程度更高者比受教育程度低者更愿意做志愿服务。在美国，25 岁以上的志愿者中，持有学士学位的人占 40%。相较之下，上过学院或有肄业证的人占 26.5%，高中毕业生占 15.6%，没有高中文凭的人只占 8.1%。通常，在非营利组织中工作的人，特别是其董事会或委员会成员，往往是一个地区最富有的人。

　　但是，做志愿者的目的不仅仅是接近更富有或受教育程度更高的人，而是要服务他人，培养生活中应对所有人际关系时都需要的同理心和服务精神。如果你的生活中总有一个消极的人令你感到困扰，在志愿活动中培养的对世界的积极看法或许会帮你冷静下来。

如果要在家乡寻找志愿机会，你可以从询问朋友开始。你会惊讶地发现，已经有很多人开始做志愿者了。此外，你还可以在网上搜索你的家乡和"志愿活动"，会得到很多结果。这周就做这件事吧。当你遇到努力改变世界的人时，你也会因此有巨大的改变。

3. 参加体育运动

加入校内的体育联盟。去壁球俱乐部练习。申请高尔夫球会员。到公园里参加更多的体育比赛。参加竞争性活动会促使你重视自己的表现，我们之前提过，对表现的自我评估有利于促进你拿出更好的表现。竞争会让我们拿出最好的表现，是因为我们把竞争的过程看作追求卓越、做到最好的自己、为团队做出贡献的努力过程。如果只在意排名、结果或赢得比赛的话，你只会表现得糟糕或格格不入。

4. 寻找导师

我告诉高效能人士，他们要有一到两个影响他们一生的导师：比他们年长、更有智慧、更受尊重、更成功的人。我希望你能每个月给他们打一次电话。同时，我希望你每三年能发现一位新的"行业导师"，也就是知道该如何在业内获得成功的专业人士。你也要每个月给他／她打一次电话。这两类导师，一类是人生导师，另一类是行业导师，他们会带给你不同凡响的观念。如果要找导师，你还是要从询问朋友和家人开始。你可以问自己："我认识的人当中，谁最睿智且最有影响力？我能向谁学习？"你可以在工作中或通过上述方式 —— 参加志愿活动或体育运动 —— 来寻找导师。你还可以观看我关于如何寻找导师的视频，获得更多想法。

5. 努力赢得机会

你想接近更多成功者吗？那就努力做到最好，为自己赢得接近他们的机会。努力工作。实践高效能习惯。永不言弃，创造大量的价值，不断精进。当你变得非常专业与成功的时候，大门会打开，你会遇到更多优秀的人。

想象一下，认识更多优秀的人之后，你的生活会变得多美好。别误解，我说的不是你在社交网络上的好友，我指的是真实的人类，你能见到他们，给他们打电话，和他们聚会，与他们共同健身，和他们一起探险。融入能给你带来快乐和成长的群体，走近无论你身处顺境还是逆境都靠得住的人。

升级你的社交圈。认识更多优秀的人，你也会变得更优秀。

表现要点：

1. 我认识的最积极的人是 _____ ，我应该多和他们接触。

2. 为了认识更多高效能人士，我应该 _____ 。

3. 为了认识更多积极的、支持我的人，我应该增加一些新活动或聚会，其中包括 _____ 。

给自己原因

> 首先告诉自己你会成为什么样的人，然后做你该做的事。
>
> ——古罗马哲学家爱比克泰德（Epictetus）

每个人都认识不是班里最聪明的孩子、似乎没准备好应对人生、缺点比优点多却获得意外成功的人。如果问他们是如何超越比他们更有优势或资格的人的，他们往往会说："我吃不饱饭。我必须成功，别无选择。"他们有刚需。从另一个角度看，没有这种想法的人永远不会全力以赴。没有需求就没有动力，也就发挥不出最大的潜能。

和其他高效能表现一样，你必须审慎对待提升需求这件事。你必须经常思考："我是否把今天重要的事情和我的身份及责任感联系起来了？为什么追求这个梦想对我来说这么重要？为什么我必须做这件事？我什么时候必须做这件事？我怎样才能认识更多优秀的人来提升自己，帮助我在下一个阶段继续服务？"经常问自己这些问题能让你更加投入，激发出你全新的动力。

只有当你给了自己原因，你才能变得强大和优秀。因此，决定你必须要做的事吧。让它们成真。用直觉感受它们。因为世界现在需要你。

第二部分

社会习惯

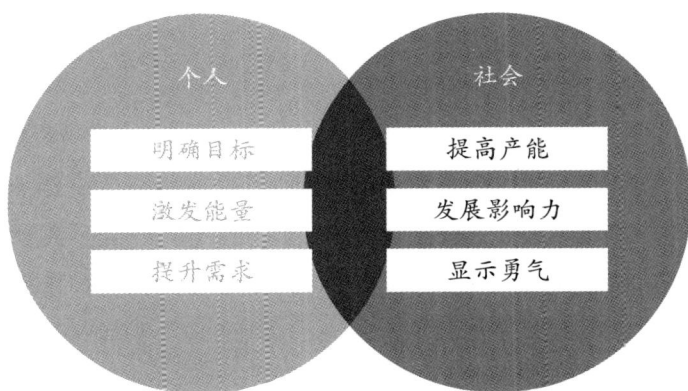

个人　　　　　　社会

明确目标　　　　提高产能

激发能量　　　　发展影响力

提升需求　　　　显示勇气

高效能习惯 4

提高产能

别一心想创造艺术，做好你该做的事情就行了。让其他人评判你作品的好坏，让其他人决定是否喜爱你的作品。在他们评判的时候，继续创造出更多艺术。

——美国艺术家安迪·沃霍尔（Andy Warhol）

- 增加重要产出
- 确定五大步骤
- 重要技能做到精

"一切都进行得太慢了。"

雅典娜沮丧地对我说。她是一所学校的行政人员。

我们正坐在她的办公室里，谈论她的目标以及她眼中自己的职业是否一直以来卓有成效。她身后的书架上塞满了活页夹。办公桌旁有一扇小窗。墙上一张照片都没有，墙壁泛黄，显然有些年头了。我不由自主地觉得这间办公室——不，整栋行政大楼——建于 20 世纪 70 年代，而且自建成以来从未再次粉刷过。雅典娜已经在这间办公室工作 14 年了。

"现在是我整个职业生涯中最忙的阶段。我有很多紧急的事情要处理，我的两所学校马上要被停办了。我很少离开办公室，午饭也在这儿吃。"她指了指窗台上的两个外卖盒子。"我一整天都在和老师、校长、家长、社区领导开会。开会间隙我还忙着发邮件。我每天晚上都熬夜回顾提案。4 年来，我日日夜夜地工作。虽然每做完一件事我都会把它划掉，但我觉得自己做得还不够。"

我决定问她优秀人士在谈到产能时都会害怕的一个问题："你快乐吗？"

雅典娜沉着脸说："布伦登，我不想表现出不快乐的样子。我没觉得人生很糟糕或者工作让我心烦。只是我现在效率太低了，达不到我自己的标准，也满足不了其他人的需要。所以我们请你来——希望你能帮我们提高效率。"

我发现，如果你和大忙人谈话时，他们往往很快就不愿意谈论快乐这个话题了。

"好的。雅典娜，你快乐吗？"

她大笑道："我觉得自己挺快乐的。虽然不是每天都像活在梦里一样快乐，但是我喜欢自己的工作。只不过，我认为一定有更好的工作方式。"

"比什么更好的工作方式？"

"比强迫自己努力工作但还是感觉一无所获更好的工作方式。我打算工作 20 年就退休。但是距离 20 年还有 6 年时间。按照现在的状态，我都不知道自己能不能再坚持 2 年。即使我坚持下来了，也害怕退休的时候，回顾过去，我会思考，我做这一切是为了什么？我真正实现了哪些事情？"

"你认为是为了什么？"

"当然是为了学校。这一点是肯定的。这也是我做这一行的原因。我知道如果我能在社区内建立起健康、优质的学校，就能让一代又一代孩子过上更好的生活。"

"好的。听起来是个伟大的任务。你说你可能会思考自己真正实现了哪些事情。你希望自己实现哪些事情？"

"我希望能完成几个更大的项目，让一代代学生从中受益，但我不知道该怎么做——光是维持现状就已经很费劲了。我花了很多时间，但发展的速度远没有我想象中快。我没有做出我希望做出的改变，因为项目进度太慢了。我在平衡工作和生活方面也是一团糟。我觉得我一直在逼迫自己向前，但是很难同时应付这些事情。做每个项目时我都会重复一些无用功。我总是在处理紧急事务，很难完成影响长久的事情……"她的声音越来越小，视线投向泛黄的空白墙壁，说："就好像我无论做什么，都无法完成这些大项目，我担心是我做事的方式不对。我不管做什么，都……"

　　我察觉到她身上有强大的能量。我感到些许哽咽。我知道接下来会发生什么。看到如此有抱负的人被禁锢在这间办公室里，我很难过。我问："都怎么样？"

　　"我做的每件事都……"她眨眨眼，收回眼泪说，"……不够。"

★

　　非常忙碌但却感觉自己一无所获是世界上最糟糕的感觉之一。虽然你很努力，但你努力的方式损害了你的健康，降低了你的幸福感。项目似乎永远都做不完，而成果迟迟不出现，幸福总是远得难以企及。这就是雅典娜的感受。很多人都会有这种感受。

　　看着雅典娜经历这些情绪，我也很难受，因为在外人看来，她一个人仿佛就是一支特种部队。雅典娜每天都会完成待办事项上的很多任务。她不知道自己可以在平衡工作和生活的同时完成更多事情。我还想让她知道，有时候她那些忙碌的工作并不值得成为她为之奋斗一生的事业。有时候，仅有高效能是不够的，因为如果你变得不是自己了，没有在做你真正想做或擅长的事情，成就也就没有任何价值可言。她必须知道，仅仅把事情做完和实现高产能之间的差别。

　　比起低效能人士，高效能人士会用十分审慎的方法规划每一天、每个项目和每项任务。和多数高产人士一样，高效能人士在"我很擅长制定事情的优先等级并完成重要的事情"和"我很专注，能避免干扰、拒绝诱惑"这两项上得分很高。（越赞同此类表述，HPI 总分越高。）高效能人士和低效能人士的区别在于，前者在和后者进行比较时会发现自己在长时间段内产能更高，心情更快乐，压力较小，得到的回报更多。

　　关于幸福的发现尤为重要，因为许多人认为，要想获得幸福，就要降低对健康和平衡感的标准，但这种观念是错误的。和同事相比，高效能人士饮食更健康、健身次数更多，同时，他们依然非常乐于接受新的挑战。高效能人士并不会草草把事情做完，让自己看起来很忙碌——他们会完成更多的任务，而且比同事做得更出色。过去10年，我对许多高效能人士及其同事的采访证实了这一点。

这并不是因为高效能人士能力超群，或者他们总是过度兴奋，也不是因为现在人们常说的要增加产出的美好理想。相信自己的产出比同事多或者自己做的事价值非凡的确可以提升积极性和满足感，但一般不会帮你增加产能。你是给予者，并不意味着你擅长设定事情的优先等级或避免干扰。虽然给予者可能很有勇气，但他们不是总能完成任务。

既然如此，高效能人士是如何做到在增加产出的同时保持健康，又维持工作生活平衡的呢？这是因为他们养成了许多刻意习惯，本章将一一对此进行介绍。

你如果想从本章中获得更多帮助，就必须抛弃关于平衡工作和生活或在人生中追求切实成就是否值得的先入为主的观念，这一点很重要。要保持开放性，因为掌握这个习惯会给你人生各个领域带来深远影响，特别是会影响你对自己和世界的认知。我们的研究发现，如果你认为自己比他人高产，从数据上看，你就会比他人更快乐、更成功、更自信。同时，你能比认为自己低产的人更好地照顾自己，晋升更快，收入也更高。这不是我的观点，而是我们通过大量调查和研究得出的重要、明确的结果。

通过做教练，我发现，高效能人士往往也是一个企业中最受重视、收入最高的人群。企业需要高效能的领导，因为他们做事专注，擅长管理，总能成功地完成项目任务。他们比其他人的压力更小，坚持目标的时间更长，更快乐，更能体会到友情。

很显然，掌握了这一领域的窍门，我们便能获得强大的力量。我们一起来看看产能的基本要素，养成优秀的习惯吧。

产能的基础要素

生活永远属于在工作中心平气和、有伟大目标的人。

——拉尔夫·沃尔多·爱默生

提高产能的根本是制定目标、保持活力和专注。如果没有目标，无法专注，缺少活力，你就陷入了绝境。

要想提高产能，首先要制定目标。当你有明确的、有难度的目标时，往往会更专注和投入，做事时也会更快乐，更容易进入心流状态。当你感到更快乐的时候，内在积极性就会产生，从而会产出更多高质量成果。团队也是一样。有明确且不易实现的目标的团队几乎总能超越缺乏明确目标的团队。长期以来的研究都表明，团队目标能激励员工加快速度，并在长时间内让员工更重视重要任务，受到更少的干扰，工作更努力。

决定产能的另一大因素是活力。我们在第三章中探讨过，你为了照顾自己而做的每一件事对提升表现都至关重要。充足的睡眠、营养和锻炼都能极大地提高产能。这些不仅能提高你的产能——国家的整体经济表现也和国民的营养习惯密切相关。

你应该还记得，三重能量不仅包括良好的睡眠、营养和锻炼带来的精力和体力，还包括积极的情绪。幸福感高的人更高产，这一点毋庸置疑。事实上，对 200 多项研究中超过 27.5 万参与者进行的元分析表明，幸福的人不仅更高产，他们在工作质量、可靠性和创造力方面获得的评价也更高。另一项研究发现，大学期间感到更幸福的学生，毕业后 10 年的收入更高。"多笑笑，你就能完成更多任务"这句老话的确是真的。一项研究发现，在做严肃工作之前，看一些喜剧片段高兴一下，有利于提高工作中的产能。

最后一点，如果你想高产，就必须保持专注。在如今，这可不是一件容易的事。大量的信息、分散注意力的事物和各种干扰影响了我们的健康，降低了产能。信息过量导致人们情绪低落，工作质量低下。处理大量信息、花大量时间阅读或查找数据让生活变得一团糟。于是，我们有了"分析瘫痪"（analysis paralysis）一词。这也是最好别一大早查看邮件的原因之一。大量的邮件会让人感到压力，变得被动——你一定不希望一整天都处于这种情绪和思维模式之中。对于早晨的第一件事，你可以试着做我们在"激发能量"一章中提到的活动。

分散注意力的事物也会降低产能。一项研究发现，分散注意力的事物会导致产能降低20%。如果我们在做有难度的脑力劳动，产能会更低——这些事物会导致我们的思维能力降低近50%。一些研究表明，同时完成多项任务本身就会使人分心。我们非常专注的时候，效率和工作质量都很高。但一心多用很难让人保持专注。同时进行多项任务时，人们无法全心全意地专注于手头的任务，因为大脑还在处理上一项未完成的任务。

最后一个罪魁祸首是各种干扰。多数大型企业的员工在进行各种任务、活动或开会时会遇到多次被人打断的情况。受到干扰之后，他们很难重新集中注意力，继续刚才在做的事情。他们不会立刻"跳回"刚才的工作中，通常，在重新开始刚才的工作前，他们会做两件别的事情。我发现，即使是成就最高的《财富》杂志50强企业的员工，如果在工作中遇到干扰，他们重要的、规划好的任务也会被推迟两到三个小时。

了解这些事实之后，你应该更自律，制定更有难度的目标，保持活力和专注。但这并非易事，而且我们总认为这是不可能做到的，因此常常不会为此而努力。很多人表示，如果制定更大的目标或一直保持活力，他们就无法保持工作和生活之间的平衡。事实上，关于平衡工作和生活的讨论已经变得越来越离谱了，在介绍习惯之前，我想先解决这个问题。

关于平衡工作和生活的讨论

现代人最常见的自欺欺人的方式是忙个不停。

—— 美国哲学讲师丹尼尔·帕特南（Daniel Putnam）

现在，很多人对平衡工作和生活已经不抱任何希望了。但是人们不该这么快就放弃。他们其实可以在生活中找到平衡，认为自己做不到这点是非常消极、极其错误的假设。我为数百万人进行过提高产能方面的培训。于是，我发现认为自己做不到平衡工作和生活的人之所以这样想，是因为（1）他们从未有意识并持续地定义、寻找、衡量所谓的"平衡"；（2）他们在定义"工作和生活平衡"时制定了自己根本达不到的标准。

首先，让我们来澄清最常见的一个误区 —— 平衡工作和生活是不可能的。认为任何努力都没有用是无知的自负，认为平衡工作和生活不可能也一样。如果有人跟我说我们无法平衡工作和生活，我会提醒他们人类跨越了大洋，征服了最高的山峰，建造了摩天大楼，登上了月球，在太阳系外进行过探测。我们有能力做到伟大的事情，却被自己的观念束缚，没能放手尝试。所以，我告诉你，如果你认为平衡工作和生活是不可能的，那你已经输了。

我会提醒许多放弃去平衡工作和生活的客户，他们没有像在其他领域中那样努力地去寻找工作和生活之间的平衡点。他们会花 10 个月计划工作项目的成果，却不会花一天时间好好规划下周的工作和生活。如果你不能像完成其他项目一样用心、专注地平衡工作与生活，那你就放弃了这个问题。如果是这种情况，不要去指责关于平衡工作和生活的讨论，你该责备的是镜子里那个放弃尝试的自己。

如果我们能在讨论中保持开放的态度，或许我们会发现，我们的问题在于一开始选择的平衡工作和生活的方式就错了。

多数人犯的最大错误，就是认为平衡等于按小时平均分配时间。

很多人认为他们花在工作和"生活"中的时间应该是相等的。他们的预期是数量预期，而我们说的是质量预期。如果把这两个概念搞混，我们就会遇到问题。虽然很多人认为自己在这方面没有达到平衡，但事实上，多数人是达到了平衡的。大多数人一生中 30% 的时间被用来工作（假设一周工作时间为标准的 40 个小时），30% 的时间被用来睡觉，30% 的时间被用来做其他事情，比如和家人外出，追求爱好或保持健康，满足基本生活需求。大多数人休息和与家人待在一起的时间确实比他们认为的长。只不过，他们没有意识到这些时间的存在，因此没有在那时"好好"享受。平均每天花四五个小时看电视的美国人说他们没时间也平衡不了工作和生活，这可真是讽刺。

事实上，很多人每周工作时间都超过了 40 小时。当今世界，人与人之间一直保持联络的文化导致人们希望一天 24 小时随时都能收到他人的回复，因此，人们会觉得工作与生活间的平衡已经消失不见。

因此，我认为可以有一种更好的方式来看待工作和生活之间的平衡。不要平衡分配花在工作和生活上的时间，而要平衡在生活主要领域获得的快乐或进步。

说得详细点儿，就是很多人之所以觉得自己的工作和生活之间"不平衡"，是因为他们的生活或工作中出现了更紧急、更重要、更费时的事情。他们忙于工作，导致健康水平下滑，婚姻亮红灯；或者家里出了事情，他们专注于处理家事，忽略了工作。

正确看待人生的办法是关注生活主要领域的质量或进步。每周简单回顾一下自己在人生主要领域的追求，有助于重新找到平衡，或至少能制订计划来平衡工作和生活。

我发现，把人生划分为 10 个不同领域很有帮助：健康、家庭、朋友、亲密关系（伴侣或婚姻）、任务 / 工作、经济状况、探险、爱好、精神和情绪。在指导客户的过程中，我经常会让他们按 1 ~ 10 的标准给自己的幸福感打分，同时在每周日晚分别写下自己在这 10 个领域中的目标。很多人从没这样做过。但是这难道不恰好说明只有对一件事进行衡量后，我们才能确定它是否"平衡"吗？

如果没有持续对人生中的主要领域进行衡量，那么你就不可能知道你需要或不需要什么样的平衡。

我知道，虽然这只是一次简单的检查，但你会发现它十分有效。有一次，我让一个 16 人的高管团队进行这项活动，仅仅 6 周后，他们的健康和工作生活平衡方面就有了极大的提升。不可否认，这是一项非正式的小型研究，但我们发现，在他们的工作和生活都没有发生改变的情况下，每周花时间对这 10 个领域进行评估，就让他们的产能实现了两位数的增长。有时候，从宏观角度看待一件事，会让我们更有掌控感，可以按需改变发展方向，当然，这也能让我们更好地平衡工作与生活。

本章开篇提到的学校行政人员雅典娜便急需进行这项活动。在她办公室里谈话的那天，我让她在这 10 个领域给自己打分。让她惊讶的是，这么多年来，她根本没想到除了工作，人生还有这么多领域。这种情况该怪谁呢？是她老板的错？是社会的错？都不是。我们如果能诚实地面对自己，就会发现忽视人生中的重要领域不是其他人的错误，而是我们自己的。雅典娜意识到她需要每周对自己的进度进行评估，也就明白了"平衡"对她来说意味着什么。

关于平衡工作和生活这件事，还有一点经常被忽视，那就是平衡工作和生活也在于平衡情绪。它与分配工作和生活时间无关，与工作和生活的协调感有关。人们总会觉得工作不开心，或者不喜欢工作。如果你不喜欢自己的工作，或者需要很长时间来完成工作，那你肯定会觉得生活失去了平衡。你会意识到一份用来消磨时间的工作不会成为你毕生的事业，这会导致你精神苦闷。因此，重要的是找到并协调你真正想做的事情，并进行第二章中介绍的练习。

你如果无法投入工作、找不到工作的意义，就会常常感到失去平衡。

其他时候，人们虽然在投入地工作，也很享受工作，但他们承受着很大的压力，还要没完没了地加班。忙碌和崩溃之间有一条分界线，一旦越界，无论工作之外的生活多美好，你都会产生失衡的感觉。一个领域的崩溃很容易影响到其他领域。那我们该怎么办呢？在第三章中，我们介绍了很多基本做法：更好地过渡，释放压力，多休息，多锻炼，好好吃饭。

好消息是，如果崩溃是疲惫造成的一种情绪，那么我们有简单的解决办法。每小时都进行一次短暂的精神和身体重置，将有助于你显著改善情绪，对工作和生活的平衡水准也会有极大的提升。也就是说，对大多数人而言，他们不需要因为平衡不了工作和生活而换工作，只需要改变工作方式，平衡能量。令人高兴的是，这比你想象中要简单。

深吸一口气！——休息

> 工作有好处，休息也有好处。既要工作也要休息，两者缺一不可。
>
> ——美国励志作家艾伦·科恩（Alan Cohen）

大脑需要的休息时间比你想象中要多——大脑需要处理信息，自我恢复，应付生活。只有让大脑获得充分休息，你才能更高产。因此，如果希望实现最优产能，你不仅需要长时间的休息——申请休假！——还需要在一天当中每隔一段时间就休息一会儿。

在工作期间适当休息能让人产生积极情感并提高产能，是早有研究结论的。举个例子，每天午休时间离开工位能够极大地提高工作中的表现。去附近的公园放松几分钟对认知很有帮助。你再次回到工作中的时候，就会重新充满活力并更加专注。你如果不愿意离开工位，时不时站起来工作一会儿也有助于提高产能，会比在工位上静坐一天的人高出 45%。

一些研究人员认为，我们需要休息是因为自身的认知资源有限，是我们"用完"了心理带宽或自控力。虽然这个理论受到了质疑 —— 或许我们并没有用尽自控力和专注力，只是没有动力了 —— 但有一件事是可以肯定的：一天不间断的工作会让人感到不快乐，产能也会降低。

我们坐在工位上，即使很喜欢自己的工作，也很难集中注意力；即使在做自己热爱的事情，还是会感到疲惫；即使要解决的问题迫在眉睫，还是毫无思路。如果遇到这些情况，那是大脑在告诉我们，它需要休息了。同时，我们也发现，在冰箱旁聊几句天、洗个澡或者午饭后走一会儿神都有助于恢复活力。我们很清楚大脑需要休息来恢复神经化学物质，在后续工作中提高注意力。

以上是确凿事实，因此，组织专家建议，至少在工作 90～120 分钟后要休息一会儿。但我和其他人的研究发现，最好工作 45～60 分钟就休息一下。

如果你想在工作中精力充沛、创造力十足、效率更高 —— 在结束工作的时候依然有足够的精力去"生活" —— 最理想的状态是工作 45～60 分钟工作就让大脑和身体放松一下。

也就是说，无论你做什么，连续工作的时间都不能超过 1 小时。如果超过 1 小时，就要让大脑和身体休息一会儿。工作 1 小时后休息 2～5 分钟会让你思维更敏捷，在工作和生活中更有活力。

举个例子，如果你要处理 2 个小时的邮件，或是花 2 个小时准备演讲，那我建议你工作 50 分钟后站起来在办公室里快步走一圈，打一杯水，然后回到工位，做 60 秒冥想。在第三章中，我们介绍了冥想，你只需要闭上双眼，深呼吸，不断重复"放松"一词，然后为下一项任务制订好计划。如果你需要额外的内容，也可以用在第四章中学到的提示方法自问："现在谁最需要我的最佳表现？"

在休息的时候不要做这些事情：查看邮件、短信或社交网络。这样做和我们的目的正相反。不去查看这些信息才能让我们重获能量。

人们往往会忽略这个建议，因为他们只想坐着，为了完成任务，"坚持"在电脑前或会议室里坐几个小时。正是因此，他们回家之后会觉得筋疲力尽，表示自己在平衡工作和生活方面做得很糟糕。记住，问题不在于待在家的时长和工作的时长对比。研究者对全球诸多领域中表现最出色的人进行研究后发现，他们练习或工作的时间并不比其他人长。他们是在练习过程中效率更高，或者只是练习次数更多（而非长时间练习）。如果你想保持平衡、获得幸福感或者保持高效能，绝对不要长时间做一件事。这可能有违直觉，但其实是事实：放慢节奏或每隔一段时间就休息一下，工作速度会更快，也会有更多时间做生活中的其他事情。

对我的学员来说，每隔 45 ~ 60 分钟就休息一会儿已经成了一种生活方式。在指导他们的第一个月中，我要求他们必须严格执行这种时间计划。我告诉他们："你一坐到椅子上，就用手机或电脑定时 50 分钟。50 分钟后，无论你在做什么都要暂停，站起来，动一动，呼吸，制定目标，然后再开始工作。"在我给出的建议中，"站起来"这一点很重要。你不能只是闭上双眼，在桌前冥想。你需要让身体放松，不要保持坐着的姿势。所以你要站起来，活动一下，做些简单的拉伸。如果你每隔 1 小时就站起来，闭上眼，在深呼吸 10 次的同时活动一下身体，你会发现注意力更集中，产能也更高了。

无论我坐在哪里——飞机上、咖啡馆里、工位上、会议中、沙发上——每隔 50 分钟，我都会站起来。在深呼吸的同时，我会做 2 分钟的健美操、气功或瑜伽。即使在和别人开会，我也永远不会打破这个 50 分钟规律。通常，我会让他们也站起来和我一起运动。或者我会自己离开，找个地方休息 2～3 分钟。每天休息短短的几分钟，能让我在几个小时里都保持专注和高效。

你如果能坚持本章中提到的步骤，就能更好地平衡工作和生活，所以不要害怕提升产能，也不要害怕追求更高的成就。保证每周都在上文中提到的 10 个领域给自己打分，并在每个领域设定目标，以此来衡量自己的工作和生活是否平衡。每天工作 45～60 分钟就休息 2～3 分钟，这是基础。现在我们来看看提高产能的进阶练习。

练习一：增加重要产出

> 最没用的事是提高根本没必要做的事的效率。
>
> ——美国管理学大师彼得·德鲁克（Peter Drucker）

你如果想变得优秀，就需要找到你所在领域或行业中重要的有效产出是什么。与不出名或效率低的研究者相比，知名的科学家能撰写更多的重要论文。莫扎特和贝多芬之所以伟大，不仅因为他们有天赋，而且因为他们十分高产。鲍勃·迪伦、路易斯·阿姆斯特朗和披头士乐队也是如此。苹果公司在表现最好的那几年，发布的产品都十分畅销。棒球运动员贝比·鲁斯比同时代的其他球员挥棒次数多，正如篮球运动员迈克尔·乔丹比其他人投球次数多、橄榄球运动员汤姆·布雷迪比其他人传球次数多。营销专家赛斯·戈丁写博客；畅销书作家马尔科姆·格拉德威尔写书和文章；知名博主凯西·尼斯塔特坚持上传视频；香奈儿不断推出全新设计；歌手碧昂丝不断发布新专辑。

高效能人士掌握了高产优质成果——PQO 的艺术。在长时间内，他们能比同事创造出更多优质成果，正是因此，他们的效率会更高，知名度会更广，也会被更多人记住。他们专注 PQO，并为之不断努力，把可能会影响到工作的干扰降到最低（包括机会）。

但是，几乎没有人意识到这一点，因为如今人们一周 28% 的时间都被用来管理邮件，还有 20% 的时间被用来查找信息了。人们花大量时间去做没有价值的事 —— 比如新建文件夹和整理邮件 —— 即使这些事和真正的产能没有任何关系。（是的，很抱歉告诉你，完美的邮件文件夹对你来说毫无意义。2011 年，一项研究调查了 345 名邮件使用者的 8.5 万次操作后发现，在寻找需要的文件时，建立复杂文件夹的人要比直接利用查找功能的人效率低。）

我之所以提到邮件，是因为几乎全世界追求效率的人都认为邮件是导致他们产能低的罪魁祸首。但邮件本身没有任何问题。真正的罪魁祸首是我们对工作本身的定位。真正的工作不是回应每个发件者看似紧急的要求、移动文件、删除垃圾邮件、装模作样或参加会议，真正的工作是生产出优质的、重要的成果。

搞清楚"重要的 PQO"对你而言意味着什么也是你工作的一部分。对博主而言，这或许意味着多发内容优质的博客；对纸杯蛋糕店店主而言，或许意味着找出两款销量最好的蛋糕，致力于继续扩大它们的销量；父母可能会增加自由时间，多和孩子们相处；销售代表可能会多和目标客户见面；平面设计师可能会设计更多图案；大学教师可能会完善课程设置，提高每一门课的质量，发表更多论文或出版更多书籍。

你职业生涯中最大的一个突破点是明确你该产出什么成果，并了解该成果在创造、质量和频率方面的优先级。

回顾任何一位商业大师的生涯，我们几乎都会发现，当他们发现自己的 PQO 在何处后，他们的职业道路就会出现转折点。史蒂夫·乔布斯（Steve Jobs）在放弃了许多列在苹果公司清单上的备选产品之后，才能专注剩下的少数产品，从而改变世界。沃尔特·迪士尼

（Walt Disney）则制作了大量的电影。在当今的数字时代，一些互联网公司之所以能成功，仅仅是因为可以让用户分享更原始、更丰富的原创内容。一旦找到 PQO，似乎就会找到突破口，财富也会随之而来。

2006 年，我从我做咨询师的公司离职了，原因是我在获得的成果中找不到满足感。在观察之前雇主的商业伙伴时，我发现他们衡量 PQO 的标准基本都是每年能签下多少个大客户。虽然这也有不少好处 —— 体现了谈成生意和做出改变的能力 —— 但我不想一辈子把自己的事业建立在各种交易上。对像我这样的低级员工来说，公司有一种支持我们创造 PQO、鼓励我们"加入不同项目"的企业文化 —— 尽量多参加项目，从而拓宽视野、扩大社交圈、获得额外的旅行补贴。虽然还有很多额外好处，但我就是做不下去。到最后，我对那份工作的共鸣越来越少。

当你发现工作成果并不能让你感到兴奋或满足的时候，你会意识到人生中一件重要的事情。一旦意识到这件事，你就该尊重事实，做出改变。

我选择辞职，成为作家、演说家和在线培训项目负责人。我把努力的成果 —— 创造出激励他人、让他人更有力量的内容 —— 视为对我而言有意义的事情。曾经，我不知道该如何开始或具体该做什么，和每个刚进入专业领域的人一样，我认为我需要搞清楚写作、演说以及在线培训行业的运作原理。我犯了个错误，参加了很多会议，试图了解这三个领域。我没有意识到这三个领域有共同之处，即做一个深思熟虑的领导者，专心创造最重要的成果。

我几乎花了一年的时间，毫无头绪地四处寻找真正重要的成果，那时候的我乱作一团。我试着给杂志和博客写文章，寻找门路去给一些团队做演讲并希望能从中挣到钱，匆匆忙忙地去了解一百种在线营销思路。有一天，我坐在一个咖啡馆里，意识到虽然我每天都在"工作"，但没有产出任何有用的成果。我想，我今天做的任何一件事都不会推动我的事业发展，也不会让我被人铭记——我也好，其他人也罢，谁都不会记得我做的事——未来10年内都不会。我依然记得当时我在脑海里对自己说的话："你要诚实地面对自己。你想创造真正重要的成果。你希望自己努力工作一天能创造出有价值、对世界上其他人有重要贡献、能体现出你重视自己工作的事情。"

当然，我也知道不可能每一天都是奇妙、完美的，我做的每项任务也不可能都是惊天动地、意义深远的。我们都会面临普通但不得不做的事。倒垃圾不会给你的伟大事业增光添彩，但那是必须做的。

在我改变了我事业轨迹的那一天，我对着一页纸，试图写出我心目中的PQO。如果我想成为一位真正的作家，那么我的高效能产出应该是写书。是不是你手里这本书？自那时算起，这已经是我写的第六本书了。（我的抽屉里还放着两份尚未发表的书稿。）除此之外，我写的邮件、博客文章、销售信件和社交网络上的帖子数量也破千了。但我的主要任务还是写。韦恩·戴尔（Wayne Dyer）是我的导师，也是我最想念的朋友，他撰写并出版了30多本书。虽然我才刚刚开始，但是我知道自己的PQO是什么，所以我拥有韦恩所说的目标。

我认为如果要成为专业的演说家，我的PQO应该是收费演讲。我不再浪费时间请求别人给我一个演讲的机会，而是开始模仿其他演说家，制作营销材料和视频。

我知道，如果要成为在线课程导师——在2006年时，这是个相对新兴的职业——那么我的PQO应该是训练视频和全套在线课程。我在第二章中提过，我不再去学习新的营销技巧，而是把全部精力投入制作和提升在线课程上来。正如他们所说，接下来的事情大家都知道了。近200万人报名参加了我的在线课程或观看了系列在线视频，"如何充满活力地生活"这一视频的观看次数突破了1亿。我如果没找到自己的PQO，就永远不可能有幸接触到这些学员，永远不可能被

Oprah.com 誉为"史上最戉功的在线导师之一"，也不可能位列《成功》（*Success*）杂志"顶尖个人发展导师排行榜"这么多年。我分享这些内容，并不是为了向你吹嘘什么，而是希望你知道，明确自己的 PQO 并为之奋斗对你有多么重要。我在职业生涯中获得了可观的成果，并不是因为我很特殊或非常有天赋，而是因为我重视对我的职业发展而言很重要的 PQO，在长时间内持续关注并努力获取这些成果。

　　这项策略的重要性是毋庸置疑的。每当我需要帮学员实现高效能表现、快速找到他们应该创造的成果时，找到他们的 PQO 是我会选择的策略之一。无论他们希望在哪一方面取得高产成果，我都会让他们重新规划工作，朝着这个方向努力。我希望他们能尽快花 60% 或更多工作时间致力于生产 PQO。过去 10 年里，通过我自己的经历，我发现只要在 PQO 上投入 60% 的时间，就会在职业中看到成果。多数人会用其他 40% 的时间来提升能量、管理团队以及完成每天的工作任务或者管理企业。

　　我 60% 的工作时间都被用来写作、设计在线训练课程以及录制视频了。其他 40% 的时间则被用来制定战略、管理团队、维护行业关系以及与客户互动，其中包括社交媒体上的互动，也包括和学员交流。用 40% 的时间完成的工作支持或协助了用 60% 的时间完成的工作——这就是 PQO。当然，不是人人都做着和我一样的工作，60：40 这个黄金比例也不一定适合每个人，但是你的目标不是做到我做的事情，而是要找到最适合自己的时间分配，然后尽最大的努力坚持下去。我始终坚持我的 60：40 时间分配法，一旦达不到这个标准，我就知道自己没有实现最佳产能。

　　如果你觉得这个时间分配法听起来很极端，请注意这个方法和其他建议不同。其他人会建议你"全心投入"，把所有时间投入你热爱的某一件事中。这种建议显然十分荒谬。我们不可能把所有时间投入一件事情中——尤其是当我们和其他人合作、需要照顾家人或者想带给别人巨大影响力的时候。我们肯定得分出一部分时间来与人合作或领导他人、管理工作中的细节，没错，还要查看邮件。我想说的是，虽然你不能逃避这些事情，但是你可以而且必须合理分配时间，最大限度地利用时间去创造能让你的职业变得重要和产生影响力的成果。

为什么人们不能致力于生产 PQO 呢？特别是他们还有 40% 的时间可以用来处理不可避免的任务。对此，最常见的借口（"妄想"一词是不是更合适？）是拖延症和完美主义。

虽然我们常常听到人们把一切归罪于拖延症，但拖延症不是真实存在的"病症"。拖延症不是人类心理的一部分 —— 甚至都不是一种个人特征 —— 它也不是时间管理方法不佳导致的问题，但人们常常认为时间管理是罪魁祸首。事实上，研究人员发现，拖延症是积极性方面的问题。如果你做的并不是对你而言重要的事，拖延症这个问题就会出现。拖延症也可能意味着对失败的焦虑或担心，但这种情况比较少见。多数情况下，如果你做的事不能让你感到兴奋，不能让你投入其中或者对你而言不重要，就会产生拖延的情况，因此找到你的 PQO 至关重要。如果你热爱自己在世界上创造的事物或做出的贡献，产生拖延症的情况就会减少。

每当我告诉人们要创造更多成果的时候，难免会遇到完美主义者。他们会说"布伦登，我不能那么做，因为我是完美主义者，我必须确定这样做一定是对的，而且会受到欢迎"。事实上，完美主义是人们喜爱的拖延逻辑，目的是让自己看起来值得尊敬。人们无法完成更多事情并不是因为完美主义，而是因为他们甚至都没开始做事，他们陷入了怀疑或受到了干扰。一个真正的完美主义者至少会完成并提交工作，因为"完美"的前提是完成并提交工作，然后才有改进一说。

我们都能为难以提高产能找到借口，但与其浪费精力找借口，不如开始工作。我们要记住最重要的事情是什么，要保持专注，生产出能让自己感到骄傲的成果。我们生产出更多产品，才能改变世界。

表现要点：

　　1. 对我的职业而言最重要的成果是 ＿＿＿＿＿＿。

　　2. 我应该停止做 ＿＿＿＿＿＿，从而更好地专注于 PQO。

　　3. 我每周分给 PQO 的时间是 ＿＿＿＿＿＿。为此，我
会做 ＿＿＿＿＿＿。

练习二：确定五大步骤

> 我认为生活中一半的不快乐源自人们对直面问题的恐惧。
>
> —— 英国作家威廉·洛克（William Locke）

　　人类是出色的杂技演员。我们能同时做多个项目，同时完成多个任务，在一张饭桌上和不同人进行多层次的对话 —— 或含蓄或直接。在一定范围内，每个人都具备这项优势。一旦超出这个范围，这项优势就会毁了我们。

　　很多人能同时出色地完成多项任务，因此获得了初步的成功。开纸杯蛋糕店的创业者为了成功要承担各种必要的角色，还要抓住一切机会。他们要负责订货、烘焙、接单、收银、邮寄优惠券以及宣传营销。他们在不同角色中转换身份，承接数百个任务。随着时间的流逝，他们成功了，甚至还会实现高效能表现。

　　但是成功会带来新的机会。很快，他们会给其他创业公司建议，会尝试其他机会。虽然他们没有达到经营出一家世界级纸杯蛋糕店的终极目标，但他们很满意。他们告诉你，纸杯蛋糕事业仍然是重点，

但如果你去看他们的日程表，就会发现和这一重点有关的工作很少。再仔细看看，你会发现很多工作是无用功。他们虽然很忙，但是在毫无目的地前进。

现在，他们该做些什么才能回到正轨呢？他们只需要放弃不重要的事情，做最重要的事并全心投入。最重要的是，他们需要制订一个计划。

很多积极性很高的人认为自己不需要清晰的计划。他们有天赋，所以只想开始工作，忙起来，随意发挥，然后看看会发生什么。当他们刚开始做这件事，且其他同行也对此不甚了解时，这个方法是行得通的。那时候，或许他们天生的才能会帮他们成功。但这个优势不会持久。一旦其他团队或个人有了经验和计划——他们掌握了足够信息，了解了规律和战术安排——但你没有，那你就完了。

但是许多人根本听不进去。很多顶尖的高效能人士都是因为无法专注最该做的事，受到不可避免的干扰，最终失败了。这里说的干扰不是懒惰。高效能人士不会懒惰。

他们在进行不同任务却无法保持统一步调时，就会失去力量。

之后，他们就会失去热情。再之后，他们还能做到很多小事，但是无法完成任何重大任务或有意义的事情了。

问题是，一些人始终没有计划，却从来没有因此受挫，这是因为完成简单的任务不需要做计划。通常，简单的任务需要明确的步骤和独立的行动，而不需要太多沟通。但对于复杂的任务和目标，计划非常重要，因为在达成目标的战略中，有更有效、更理想的方法。目标越大，要管理的事情就越多，和其他人的交流也越多。想成为高效能人士，你需要做到多思考，慎行动。

但这并不意味着你必须提前明确每种方法和每项任务。通常，面对长期项目，你需要在你的能力范围内制订最好的计划，然后在过程中不断改进。多项研究表明，如果目标或项目十分复杂，计划往往能提升人们的表现。

制订计划并按部就班地执行计划比你想象中重要。制订计划可以把零碎的想法组合在一起。每完成清单上的一项重要任务，大脑就会受到刺激，加速分泌多巴胺，让你感觉一切努力都得到了回报，从而增强了你前进的动力。制订计划有利于提高完成任务的可能性，同时也能让你在完成任务的过程中更快乐，增加实现下一个目标的过程中的认知资源。

我们讨论过你想要在哪方面创造 PQO，现在是时候做计划了。想一想你最宏伟的梦想，明确你的目标，然后问问自己：

"如果只能通过五个关键步骤来完成目标，这五个步骤是什么？"

把每个步骤当作一系列活动的集合，一个项目。这五个能帮你实现梦想的大项目又可被细化为一个个能完成的任务、具体的完成期限以及不同的活动。一旦明确了这些事项，就把它们写入日程表，之后对时间进行规划。要保护制订好的计划，也就是说，在规定的时间段内只能做规定好的、朝目标前进的任务。那么，如果我来到你家，对你说："让我看看你的日程表。"我看到的应该是你正在进行的主要项目。如果我在你的周度和月度日程表中无法推测出你正在进行的关键步骤是什么，那就说明你没有充分利用时间，很可能会在生活中陷入被动或受到干扰。这样的话，你可能需要花几年时间才能达成其他人几个月就能完成的目标。

从健身到学习，从开会到度假……高效能人士做每件事几乎都会制订计划，而低效能人士则不会这样做。但这样做也很容易让人感到困惑，迷失在各种任务和过度的计划当中。很多人会把这件事做得过于复杂。我们先在这里暂停，回忆一下，之前说过的主要任务是始终把最重要的事摆在第一位。了解能让你实现目标的五个关键步骤，把这五大步骤分解成不同的任务和具体的完成期限，然后把它们写入日程表。如果你做到了这三步，并确保这些步骤和你的 PQO 一致，那么你就有机会获得成功。

　　我举一个我亲身经历的例子，在这个案例中，上述方法非常有效，让我感到惊讶。之前，我提到我想成为一名作家。你或许还记得，我做了很多事，虽然在不同的平台上写了很多东西，但是没有任何进步，直到我发现自己的 PQO 是写书。

　　当我发现自己希望写出大量书籍的时候，我就停止了其他写作活动。之后，我开始探索写书的五个关键步骤是什么。

　　具体而言，我希望成为《纽约时报》的畅销书作者。我不是为了追名逐利，而是想获得这个称号背后的意义：很多人能因为我的书有所改变。但有一个问题。我已经出版了一本书，但没有进入畅销书榜单。我很沮丧，误以为是《纽约时报》的评价系统出了问题，不再奖励新作家了。虽然我想把责任推给很多人，但我不得不面对一个残酷的事实：我第一次写书的时候没有好好做计划。我就像所有新手一样，在写作和宣传中毫无章法。

　　这次我决定不再做毫无计划的事，不能再让新书惨淡收场。写第一本书的时候，我以一天中的趣闻开篇，但这次我没有这样做。我没有在冲动之下去参加作家研讨会，或是阅读大量有关写作的书籍。我没有试图朝一百个方向做一百件事，因为我知道那会让我筋疲力尽，心情沮丧，再次失败。

　　这次，我采访了几位销量荣登榜首的畅销书作家，对他们的主要活动进行解构。我问他们："让你完成写作并进入畅销榜的五个关键步骤是什么？"你也可以像我这样做——找到你想模仿的成功人士，然后找出他们获得成功的五个关键步骤。

　　我得到的信息和我的预期不同：

- ■ 畅销书作家不会谈论"成为作家"这个浪漫的理想。他们会说即使没有灵感，也要努力地写，做到自律。
- ■ 所有人都认为参加作家研讨会不是他们成功的决定性因素。

- 他们不会在意受众或读者。
- 他们认为在写作前进行数年的研究不是销量的决定性因素（但一些作家做过这样的事）。
- 少数作家提到了主流媒体报道或传统的图书签售会。
- 没人提及图书俱乐部。
- 没人认为有名人作序是畅销与否的决定性因素。

当时，听到这些回答后，我很震惊。在我的想象中，这些内容都很重要。事实上，我猜你也这么想。我在采访作家的时候，列了一份很长的清单，写满了我该做的事。其中包括：

- 参加作家研讨会，得到对我作品的反馈，以此来找到"我的声音"。
- 采访我的读者，看看他们希望在我的作品中读到什么内容。
- 想一想媒体"如何博人眼球"以及媒体喜欢找的卖点，然后把这些内容融进书里，以期之后获得主流媒体的报道。
- 请名人推荐。

我猜你认为这些都是非常值得一试的任务，或许有的还很有用。问题是，没有一个畅销书作家认为这些步骤是他们成功的决定性因素。上述清单不会让任何一个作家进入畅销榜，也不会让更多读者去阅读他们的书。

我发现，成为畅销榜上的作家唯一有效的方法就是五个关键步骤：

1. 写完一本好书。在完成之前，其他任何事情都不重要。

2. 如果你想要一份不错的出版合同，你需要找一个经纪人。

3. 先在社交媒体上写博客、发帖子，吸引人们订阅你的邮件。邮件就是一切。

4. 制作一个图书宣传网页，提供一些福利，促使人们买书。福利至关重要。

5. 请 5～10 个粉丝很多的博主帮你宣传。这样一来，你就会欠他们一次人情——也就是说，日后你要帮他们的新书做宣传；而在你的新书宣传期间，他们会帮你宣传你售卖的其他产品，你也需要还他们这个人情。

这就是五个关键步骤。我知道，相比"找到真理，然后每天都满怀热情和爱去创作能够影响读者一生的故事"，这五大步骤并不激动人心。但这是多数作家告诉我的五个重要步骤，而且是最重要的步骤。我非常惊讶，也很害怕。因为我根本不知道该如何做这些事情。

但是我很自信，因为现在我有计划了。接下来你会了解，真正的自信就是相信自己有能力解决问题。我有一个梦想。我现在还有了五大步骤这个秘密武器。你应该相信我会找到做好这些事的方法。

于是，我所有的努力都开始为五大步骤服务。我基本上停止了其他所有活动，制作了日程表来完成每项活动。第一项是把书写完，在一段时间内，这项活动几乎占据了我日程表中 90% 的时间。写完书之后，我每周大部分时间都用来认真地完成其他活动。我按顺序完成了这五大步骤。其他所有事都被我视作干扰或可以委托给他人做的任务。

我知道这听起来非常简单，但是请你继续读下去。想想第一个步骤：写完一本好书。事实上，有上百种可能让我写不出一本好书。我可能会一直做研究。我可能会学习写作。我可能会期待某天能找到自己的声音。我可能会采访别人。我可能会拖延。我可能会试着写愚蠢的小短篇。

但是所有畅销书作家都明确地和我谈论过这个步骤：把书写完。他们告诉我："你如果不把书写出来，就什么都不会发生。"

了解五大步骤的力量就在于此。你知道第一个重要活动是什么，知道第二个、第三个、第四个和第五个重要活动是什么，你就有了一张地图、一个计划、一条明确的前进道路。这样你就不会分心了。

所以我停下了其他活动，专心写作。然后我迅速地完成了其他四个步骤。我选择了一家基本帮我完成了个人出版流程的公司——他们不需要如何"接纳我"。只需要我把原稿给他们，他们就可以把原稿做成一本书。我用 PPT 设计了书的封面。我已经开始建立邮件列表了，也找到了 10 个有相当规模的邮件订阅数并同意帮我转发宣传视频的朋友。为了找到这 10 个人，我花了整整两周时间四处拜托别人帮忙。我花了 3 天时间录制视频，花了 4 天时间把视频上传到博客，定好了发邮件的顺序。我总共花了 60 天的时间，把《百万富翁信使》（The Millionaire Messenger）这本书从脑海中的一个想法变成了在《纽约时报》、《今日美国》、巴诺书店和《华尔街日报》排名第一的畅销书。在这 60 天中，我用 30 天来写书，30 天来为印刷做准备，为新书制作社交媒体内容、网页、福利以及视频，拜托 10 个人给他们的粉丝发视频链接。五大步骤。60 天的时间。排名第一的畅销书。

有人会说，我能幸运地完成这一切，是因为我已经认识一些宣传伙伴，而且会制作网页和视频。的确如此 —— 但我这"不公平"的优势是我几年前努力的结果。我也不是一出生就在产房里认识了宣传伙伴，就学会了使用摄像机。事实上，在了解到宣传伙伴对五大步骤至关重要之后，我才去结识了他们。

这就引出了一个重要的观点：

你是否从一开始就知道如何做到五大步骤并不重要。重要的是你能为每个重大目标找出相应的五大步骤。如果你不知道步骤是什么，你就会失败。

我要强调的不是速度 —— 这和我在这 60 天中做了或者没做什么无关。关键是我知道重要的步骤是什么，并去执行这些步骤。如果完成这些步骤需要两年时间，那我就会花两年时间去做这些步骤 —— 我的目标没有改变，专注五大步骤是达到目标的唯一方法。我按着这个简单的计划实现了人生中的很多重要目标。"五步计划"帮我建立了我热爱的事业，见到了美国总统，高效地制作出了大受欢迎的在线课程，参与了大型演讲活动，为我们深切关怀的非营利组织和事业筹集了数百万美元。

我的客户反复使用这些简单的步骤实现了伟大的目标：

■ 决定你想做的事。

■ 确定能帮你实现目标的五大步骤。

■ 认真对待每个步骤 —— 每周至少要把 60% 的精力花在五大步
骤上 —— 直到全部完成。

■ 其他的事情都是干扰，或者可以委托他人去做，或者可以用
剩下的 40% 时间去做。

我知道这似乎太过简单。但我见到过太多充满希望的奋斗者，他
们无法立刻给出"按顺序说出你正在进行的可以帮你达成目标的五大
步骤"这个问题的答案。心不在焉的人会即兴思考，列举一长串没用
的事情，一堆立刻出现在脑海中的想法。高效能人士却知道答案。他
们能具体地告诉你自己正在进行的步骤，以及这样排列的原因。他们
会打开日程表，让你看他们分配给重要目标和项目的时间。

现在，测试一下你自己。如果我出现在你家，你能否打开你的日
程表，让我看看你给一项能让你迈向你伟大目标的重要活动分配了多
少时间？如果不能，你知道接下来该做什么。

我知道有人会说："我认识不制订计划也非常成功的人。他们一件
事接着一件事地做，凡是他们接手的工作都很成功。但他们没有任何
长期项目或计划。"毫无疑问，特例确实存在。但问题并非是否存在
特例，而是他们做出了多少贡献。只需要制订一点计划，他们就能显
著地提升自己的贡献。我们必须记住，如果你缺乏自律，你就永远不
会实现梦想。

制订计划、提高执行力就能在几个月内完成的任务，不要拖着做
好几年。了解你的五大步骤。认真执行，不断思考接下来的步骤，它
们能帮你创造出有意义的、让你骄傲的、促使你变得优秀的成果。

表现要点：

1. 我最大的目标 / 梦想是 _____，为此，我现在需要立刻做出计划。

2. 能帮我在实现梦想的道路上快速进步的五大步骤是 _____。

3. 每个步骤需要的时间是 _____。

4. 我知道有五个人实现了这个梦想，他们是 _____。我可以向他们学习，找到他们，采访他们或者以他们为榜样。

5. 我认为 _____ 是不重要的活动 / 不良习惯。我要把它们从我的日程表中排除，这样在接下来的三个月中我才能把更多时间花在五大步骤上。

练习三：重要技能做到精

> 我认为在一个领域获得伟大成功的方法是在这个领域做到最精。
>
> ——美国实业家安德鲁·卡内基（Andrew Carnegie）

如果你想提高产能，增强竞争力，你必须掌握让自己在最感兴趣的领域获得成功所需的主要技能。

掌握关键技能始终有利于提高宏观和个人层面的产能，提升表现。国家制定教育和经济政策的目标往往都是提升技能，因为这有利于经济发展。对每位员工而言，技能是万金油，技术过硬的员工往往收入更高，在工作中获得的满足感也更多。例外也是有的。技艺娴熟的员工有时也会因为糟糕的战略、领导、工作设计或人力资源管理等问题而怀才不遇。每个人都认识技能过硬但在工作中未受重用的人。

但有一件事是肯定的：不具备在业内获得成功的必备技能必然是种严重的缺陷。如果不提升技能，你的事业就会止步不前，因此，你必须找到需要不断精进的重要技能才能在当下和未来获得成功。

谈及技能，我们指的通常是各类让你在任何特定领域都能恰当表现的知识和能力。普通的技能包括沟通、解决问题、系统思维、项目管理、团队合作以及冲突管理方面的能力。对特定的任务或公司而言，还有些具体技能，如编码、制作视频、财会以及计算机。当然，还有个人技能，例如自控力、适应力等情商相关的。

我的目标是让你确定好未来三年间要发展的五项重要技能，从而成长为你希望成为的人。

这样做的一个核心原则是：一切都可以通过训练达成。无论你想学习什么技能，只要设定目标，花足够的时间去反复练习，你就能更好地掌握该技能。如果你不相信这一点，你的高效之旅也就到此结束了。或许，当代高效能研究的三个最重要的发现应属保持成长型思维（可以通过努力增强能力的信念）、热情而坚定地专注于目标、反复训练以精益求精——无论训练的是什么技能，你都会因此有所长进。

人们说的"我做不到"，通常意味着"我不愿意进行达成目标所需的长期训练和练习"。记住：一切都可以通过训练达成。这句话改变了我的一生。我知道自己在书里分享了很多有关我事业的案例，我可能谈了太多关于自己的事情。但是，下面这个例子与我最常被问到的问题有关。我们来谈一谈演讲，因为很多人都害怕当着很多人的面演讲。

20 年前，在车祸之后，我重返大学校园。我和我的挚友谈起了那场事故。我说，我希望成为一个目的性更强的人，希望下次面临死亡，回答生命中最后的三个问题（我好好生活了吗？我好好爱人了吗？我是一个有价值的人吗？）时，我能对自己的答案更满意。并不是每个人都愿意听我的经验教训和经历，但有几个朋友鼓励我给他们的朋友讲这个故事。他们说："你的故事很能激励人。"

虽然当时我的朋友们认为我是一个外向的人，但事实上，我是一个比较内向的人。我能和朋友们随意开玩笑，互相打趣，和新认识的朋友交谈时也没有不适感，因为我想认识新朋友，和他们建立联系，一起度过美好时光。但是分享个人经历就是另一回事了。我很少告诉他人我真实的想法、需求或梦想。

与此同时，我开始学习心理学、哲学和自助方法。我在寻找答案。我想知道如何能过上更好的生活。在深入了解上述三个方面之后，我发现自己和许多作家的经历十分相似：在经历了一件事之后，他们决定改变生活，探索如何成为更好的人，希望能够在这个过程中帮助他人。阅读了他们的故事之后，我越发想要分享自己的故事了。

我还发现，这些作家中很多人的简介上写着"讲师""专业演说家"或"研讨会主持人"。这些作家往往身兼演说家一职，于是我就在网上搜索他们的有声书或演讲。我开始意识到他们讲得越好，就越能充分传达信息，激励他人做出改变。

于是我下定决心把掌握演讲技能当作人生中的必修课。有时候，想要服务和发展相关技能的欲望能战胜我们的恐惧。我开始投入学习被我称为"逐步掌握"的技能，这很快改变了我的人生。

每当你想要掌握一项技能的时候，你都会面临两个选择：通过练习和重复来发展技能，或通过逐步掌握达到世界级水平。

逐步掌握的理念和现在大多数人发展技能的方式有很大不同。大多数人对一个想法产生兴趣，会在尝试几次之后评估自己是否"擅长"这项活动。如果不擅长，他们就认定自己缺少天赋，很多人就此放弃。继续坚持的人认为他们必须严格要求自己，通过不断重复来提升自己，希望可以通过反复练习而有所精进、取得成果。

举个例子，假设你希望自己擅长游泳。如果你和大多数人一样，你会向已经学会游泳的人寻求指导，接下来开始练习游泳。你不断练习，希望能增强耐力、加快速度。你一遍又一遍地在泳池里游，试图提升自己的技能。你以为待在泳池里的时间是提升游泳技能的秘诀。

但事实上，通过这种方法掌握技能的效率最低。重复很难让人达到高效。因此学习如何逐步掌握至关重要。

以下是逐步掌握的 10 个步骤：

1. 确定你想掌握的技能。

2. 设定培养技能的具体目标。

3. 对过程和结果投入大量情感，让过程和结果都充满意义。

4. 明确获得成功至关重要的因素，在那些领域内发展你的优势（以同样的热情去弥补劣势）。

5. 想象成功和失败的情景。

6. 安排专家制定的或经过仔细考量的有难度的练习。

7. 衡量你的进步，寻求他人的反馈。

8. 通过和他人一起练习或与他人竞争，把学习和努力变为社交活动。

9. 不断设定更高的目标来督促自己进步。

10.把你正在学习的内容教授给他人。

逐步掌握的这 10 个步骤是详细版的"刻意练习"。刻意练习的概念是安德斯·艾利克森（Anders Ericsson）提出的。和刻意练习一样，逐步掌握也需要你找到一位教练，挑战自我并走出舒适圈，形成成功的概念，跟踪进度以及解决短板。

两者的区别在于，逐步掌握更强调情感、社交化和教授的过程。换言之，在逐步掌握的过程中，你如何在过程中倾注更多情感，如何通过训练或与他人竞争来提高能力，如何利用教学的非凡力量更多地认识自己的技能这三个方面具有更强的战略性和约束力。我认为通过这个方法来掌握一项技能更加人性化、社会化，也更有趣。

我们一起来看看，比起简单的重复，这些方法能如何帮你快速提高游泳水平。不要再偶尔跳到泳池里游一游了，试一试下面的方法：

1. 明确自己要提高自由泳技能。（不要练习仰泳、蛙泳或蝶泳。）

2. 设定目标，确定入水、游一圈、折返、完成最后 10 米的速度和效率。

3. 每次开始练习前，提醒自己为什么提高自由泳技能对你而言至关重要，和在意你表现的人谈谈你的目标。你也许是想变得更健康，想赢得游泳比赛，也可能是想在游泳时领先好友几次。

4. 明确成功的关键因素，比如在水中快速移动髋部，明确你最大的弱点，比如快到终点时缺乏耐力。

5. 每天晚上想象一下完美的比赛是什么样的，想象你在水中移动、转向、战胜疲乏、最后冲刺等细节。

6. 找一名专业的游泳教练。教练会经常给你反馈，并制定难度不断加深的练习来帮你达成更高的目标。

7. 每次游泳后都要记录自己的进步。通过查看记录，进一步了解自己的表现。

8. 经常和你喜欢的泳伴一起游泳，参加游泳竞赛，这样你就能遇到更好的对手。

9. 每次游泳误后，都要给自己制定下节课要完成的更高目标。

10. 每周抽一天时间正式指导一位和你在一个团队中的人学游泳，或者在本地的社区中心教别人游泳。

你看出来了吗？比起跳到泳池里游泳，这个方法更有效。即使你花在游泳上的时间没变，但是相比无意识地游泳，上述方法带来的提升更多。

我决定要成为一名大师级的演说家时也使用了这个方法。我当时是这么想的：我可以多做几次演讲，期待自己因此有所提升；我也可以在过程中投入情感、好好表现。选择专注于逐步掌握策略是我人生中最伟大的决定之一。

我严格地遵循着上述 10 个步骤。对我来说，最有效的是第二点、第三点和第十点。举个例子，大学期间第一次演讲的时候，我把所有要说的话都写了下来，基本是照着讲稿读完的。第二次演讲的时候，我把讲稿缩减到一页纸的内容。第三次演讲的时候，我又把稿子缩减到半页纸的提示语。第四次演讲的时候，我只在提示卡上写了五个词。到了大学毕业的时候，我已经可以脱稿演讲了。这就是在设定"培养技能的具体目标"。

但这并不意味着我已经很擅长演讲了。第一次有偿在一场主题是人际关系的妇女联谊会上演讲的时候，我在开始前吐了。但是我猜，那是因为我太希望自己能表现出色。也就是说，我对过程和结果都投入了"大量情感"，让过程和结果都"充满意义"。一旦搞砸，我会重振精神，也会生自己的气，但不会气馁。我不断提醒自己提升自我的重要性，这样我的演讲就能激励他人。我观看了马丁·路德·金、J.F. 肯尼迪、温斯顿·丘吉尔等伟大演说家的演讲，阅读了数百位历史上公认的伟大演说家的讲稿。

第十点的中心是"把你正在学习的内容教授给他人"。这一点对我的发展也有很大的帮助。研究生期间，我有幸教授了两个学期的演讲课。现在回头看看，我不知道自己那时候教会了学生什么。但每天面对学生的时候，我都十分投入，希望能帮他们更好地与人交流。虽然我在和他们分享我学到的内容，但事实上，他们教会我的东西远比我教会他们的多。在教他们的时候，我能感受到他们在突破自我时的痛苦和快乐。看着他们，我体会到了被我称为"间接优秀"的情况，这有利于我提升自己的技能。

有了逐步掌握的这十步完整流程后，一切都发生了改变。几年后，我从一个害怕演讲的孩子变成了一个自信的脱稿演说家。我能给数千人开为期 4～5 天的研讨会。通常，我是全场唯一能每天在台上讲满 8～10 小时的培训师。我有幸和我的许多偶像、不同领域内的权威和专家在有上万人参与的会场上同台。虽然我以前在镜头前表现得非常不自然，但自从拍摄了十多节在线课程和无数视频之后，我在镜头前已经可以收放自如了。尽管如此，我离自己的目标还差得很远。我要学的东西还有很多，而且我很喜欢不断挑战自己的过程。即使这意味着我要认真审视自己的短板。但是，逐步掌握让我不再害怕，也让我不再是个业余人士了。如果我不曾"试着"通过自律的方式成为一个更好的演讲者，我永远不可能超越他人，也不可能有幸接触到这么多人。

我曾用这个方法帮奥运选手提高成绩，帮 NBA 明星球员提升跳投次数，帮企业高管制定更好的战略，帮做父母的高效安排他们的日程。通过逐步掌握的方式练习，你在生活中的各个领域都能有所提升。

你当然不需要在学习每个新技能时都用到有战略性和约束力的方法。有时候，找到一个能给你反馈的教练或导师并非易事。你可能也没有很多机会把你学到的东西传授给他人。有时候，让自己走出舒适区并努力提高也很困难。

但假如你能做到，会怎样？假如你下次培养技能的时候多进行一些思考，会怎样？假如你能在自己最感兴趣的领域成为顶尖人物，会怎样？假如你通过打磨技能创造出了更多 PQO，会怎样？假如你十分能干，快速完成了五大步骤，会怎样？假如此时此刻，你决定寻找人生下一阶段的动力和擅长的事情，之后会怎样？

表现要点：

1. 能让我提升自信、提高能力的三项技能是 _____。

2. 提升技能所需的简单步骤包括 _____。

3. 为了提升技能，我可以请 _____ 做我的教练或导师。

把时间花在刀刃上

只把你觉得死前没做成也不遗憾的事留到明天做。

——西班牙画家巴勃罗·毕加索（Pablo Picasso）

人生短暂，我们留下痕迹的时间有限，因此我们更应该保持专注。不要再做无法让你感到快乐的事了。如果一件事不能让你感到骄傲，也不会带来任何影响，就不要花时间去增强它的效果，提高它的效率。明确在你人生当前的阶段什么结果最重要，制定实现伟大梦想的五大步骤，然后在努力实现梦想的同时把你擅长做的事情做到精。从那一刻开始，整个世界都是你的。

高效能习惯 5

发展影响力

力量分为两类：一种来自对惩罚的恐惧，另一种来自爱的举动。

—— 印度政治家甘地（Gandhi）

- 教会他人如何思考

- 激励他人成长

- 做出榜样

这位首席执行官陷入了危机。

胡安的全球性服装公司已经连续七个季度表现不佳了。销量持续下跌。过去 10 年，公司一直表现不错，现在出现这种状况，分析人士开始质疑胡安的领导力和品牌的重要性。

8 月一个炎热的下午，我登上了胡安公司的飞机，上述内容几乎是我了解的全部信息。胡安公司的首席财务官亚伦是我的一位老友，当时，他们两人正要去和公司来自全球的 40 位高管开全员会议。他让我在这次旅途中陪伴他们，他觉得或许我能给他们提一些建议。

寒暄几句后，我问胡安，他认为公司的核心问题是什么。

胡安指着一本时尚杂志的内页，一名女性的照片占据了整个内页。他说："她是丹妮拉。她就是那个问题。"

丹妮拉是公司的新任首席设计师。她是从另一家时尚公司挖过来的新人，很年轻，因此很快就吸引了媒体的注意。胡安告诉我，丹妮拉进公司几个月后，两人就产生了摩擦。胡安希望继续关注核心设计、生产主要产品，但丹妮拉希望让品牌走向未来 —— 生产更有优势的季节性产品。现在整个团队的成员分为两派，各自站队。公司没有全力支持新的产品线，因此公司文化受到冲击，团队出现内讧，开始互相埋怨。这直接导致项目暂停，营销失败，利润下跌。

胡安向我讲述这件事的时候难掩对丹妮拉的蔑视。他显得很不满，表现出一副高高在上的态度，对我说："她和你同岁，所以我希望你能帮我想个对付她的办法。"

我冷静地回应道："胡安，我觉得这不是年龄的问题，而是影响力策略的问题。或许正如著名的篮球教练约翰·伍登所说：'要解决问题，就要与人合作。'"

胡安没听进去我的话，而是热切地告诉我他的想法。他想把丹妮拉在公司的影响力降到最低。他准备缩减丹妮拉的预算，对她的团队进行人事改革，这样就能密切监视她的动向。胡安打算设置一个新的事业部，专门进行他想要的设计。他要限制看到她产品线的买家人数。胡安花了 20 分钟给我讲述他的战略，之后问我："你觉得我还能采取什么行动？"此时，他的热情依然没有减退。

我不太想介入这样的事情中，但我经常遇到这种情况。领导抱怨员工表现不佳，想要通过内部政治和打压个人士气的方式来控制员工。我对这种事没兴趣，如果不是因为我现在正在距离地面 1.2 万米的高空，我肯定会找个借口离开。

亚伦察觉到了我的心不在焉，他说："布伦登，我请你来，是希望你能给胡安一些建议。他知道你能客观地看待这件事，虽然他情绪很激动，但是我向你保证，他愿意接受你的指导。你有话直说就行了。"说罢，他看向胡安，希望得到他的肯定。

胡安说："你大胆地说吧。"

我说："亚伦，谢谢你。胡安，在这件事情上，你似乎态度很强硬。如果不了解你最终的打算，也不了解丹妮拉的想法，我很难给出反馈。你希望丹妮拉和你斗下去，直到你们两人都遍体鳞伤，到那个时候她会离职，媒体则会对此大肆报道，你的品牌也会因此受到永久的损伤。我猜得对吗？"

亚伦很吃惊，他靠着椅背，不自然地笑了笑。胡安仍然纹丝不动，答道："这不是我想要的结果。不是。"

我大笑道："那你不打算逼她辞职?"

胡安摇头："不打算,如果她辞职,我可能会失去一半的团队。"

"好的。那你想达到什么目的?"

"我希望她能友好一点。"

"你是说你希望她能同意你的看法,执行你的计划?"

胡安想了想,看了看亚伦,耸耸肩说:"这件事难道有这么糟糕吗?"他看起来有点沾沾自喜。

我看着胡安,确保他是认真的。他的确是认真的。他想命令和控制他人。我答道:"是的,我敢肯定,对丹妮拉来说,那很糟糕。虽然我不了解她,但是没人愿意和唯我独尊的老板一起工作。如果你只希望她能听你的,那就没有什么意义了。你难道不希望她能发挥她的优势吗? 不然你一开始为什么雇她呢? 一定是因为你欣赏她身上的某种品质或她的看法。为了说服她留在这里工作,你给了她什么承诺?"

胡安艰难地思考着这些问题,似乎在寻找早已忘却的记忆。在争斗进入白热化的时候,我们往往会忘记当初是自己违背了诺言才招致对方攻击的事实。

胡安说,他之所以选择丹妮拉,是因为她是一个不错的艺术家,同时又擅长与人打交道——这类人十分罕见。他说:"我承诺会给她提供一个和品牌共同成长的平台。我当然希望她能好好表现,也希望能给她机会。但是她利用了这一切,按照她的想法发展公司,而不是按照我的。"

亚伦插入我们的对话,说:"所以你看到了,我们现在陷入困境了。"

我说:"没人会被困住,他们只是失去了目标。"

胡安问我:"我们失去的目标是什么? 我们都知道丹妮拉想要什么。"

"她想要什么?"

"她想掌握公司大权。"

"你确定?"

"虽然她嘴上没说，但是我认为那就是她的目的。"

"好吧，我不能质疑你的假设，因为我对这件事还没有全面的了解。我也没法问丹妮拉，因为她不在这里。那咱们假设你猜得没错。如果我们知道你的目标，也知道丹妮拉的目标，我认为我们缺少的是真能带来影响的目标。"

"那是什么？"亚伦问。

"建立信心。影响他人的唯一方法是先和他们发展联系，然后帮他们在思考、做事或帮助他人方面建立信心。发展联系的方式是询问，而非指责。帮助他们建立信心的方式是改变他们的思想，向他们发起挑战，从而激励他们进步。我看到的问题是，你了解丹妮拉的野心，但你没有帮她实现，反而一直在阻挠她。"

胡安惊讶地摇摇头，俯身向前说："你在开玩笑吗？你是让我把公司给她吗？"

"不是。我的意思是，削弱一个人的势力或熄灭他心中的火焰不会对他产生任何积极影响。人们喜欢和让他们看得更远、成长得更快的领导者一起工作。如果你想给丹妮拉积极影响，就需要重新和她建立联系，进一步拓宽她的视野。她会感到意外。接下来，你要鼓励她不断进步，和你一起实现一个宏伟的目标，她会感到更意外。这个宏伟的目标虽然不是让她来掌管公司，但我猜这是她想要的，也是你害怕的事。尽管如此，你们两个仍需要一起努力实现一个新目标。如果没有新目标，你们之间的问题还是无法解决。"

胡安摇摇头，说道："那接下来怎么办？我们是不是还得重新确立公司的愿景？"

"不需要。你需要制定一个关于如何影响丹妮拉的新愿景。如果你能对她产生积极影响，她就会和你站到一条战线上，你们就能一起完成伟大的事业。如果你做不到，就像你说的，她会抢走你的团队。"

"那我该怎么做呢？"

我能看出来，胡安很沮丧。于是我继续引导他说："我刚才告诉你了。帮她拓宽视野。你们一起完成一件伟大的事情。"

胡安双臂交叉，说："我没明白。"

我也双臂交叉，对他说："不，我认为你应该明白了，只是不喜欢这个方法。我给你提了一个很简单的建议。我希望你能转换思维，改变对她的态度。我就是这么对你的，你也应该这么对丹妮拉。你要再次把她当作你的合作伙伴，让她在看待自己的角色、团队和公司时目光长远一点儿，这就需要你来影响她。你要让她在做自己喜欢的事情的同时提升自己，这也需要你来影响她。你要提高对她的要求，不要阻挠她，这也需要你的影响。而你现在没有对她产生任何好的影响。"

"好吧。这么做意义何在？如果我要对她产生影响，你会让我做什么？"

我决定冒个险，遵循我自己的建议。我知道所有领导者都热爱挑战。而且在内心深处，他们都想成为他人的榜样。

于是我说："胡安，在她和团队面前，你需要成为一名更好的领导者。"

胡安坐在椅子里，向后靠了靠，松开了交叉的双臂。

我们见面这么久，他第一次笑了，并同意试试看。

★

和胡安谈完话之后，我在日记本上画了一个影响力模式示意图。我会在本章中介绍这个模式。在你了解这个模式之后，我会告诉你这件事情的结果。有时候，我们只需一套发展影响力的新练习就能改变一切。

但是我们如何抓住影响力的核心呢？为了衡量影响力，我们让人们给下列表述打分：

■ 我擅长获得他人的信任，和他人建立友情。

■ 我有实现目标所需的影响力。

■ 我擅长说服他人。

我们也让他们给反向表述打分：

■ 我经常说一些不恰当的话，影响了我和他人的关系。

■ 我很难让他人听我说话或按我的要求做事。

■ 我对他人没有太多同理心。

正如你所想，非常同意第一组表述的人和非常不同意第二组表述的人在影响力方面得分较高，同时整体高效能分数也较高。

哪些因素对 HPI 中的影响力部分影响最大？我们先来看看哪些因素不会对影响力产生影响。虽然我们都以为付出更多的人在影响力方面得分较高，但是事实并非如此。举个例子，给"我比同事付出得多"这个表述打分较高的人往往并没有很大的影响力。这虽然让人失望，但确实是常识。我们都认识无私付出，但无法从他人处获得帮助的人。这里有一个细节需要注意。影响力和你认为自己有所作为的感觉密切相关。因此，影响力不代表你觉得自己比他人付出得多，而代表你觉得自己的努力是有意义的。我在指导学员时发现，认为自己付出很多但没带来任何改变或没得到回报的人会认为自己不被认可，不幸福，还会觉得自己在世界上没有任何影响力。

影响力还和创造力有关。虽然我们生活在一个充满创新的文化中，每个人都有机会进行创作，但在我们的研究中，被认定为具有创造力的参与者并不觉得自己的影响力比别人大。有创造天赋的人，有时并不具备与人交往的技能。

和 HPI 中的其他类别一样，你对自己的认识也很重要。如果你觉得你的同事认为你是一个成功而高效的人，你自然也会认为自己有更大的影响力。但除了对自己的认识之外，还有其他因素。这是常识，也是我们的客户反复告诉我们的一件事：你的影响力越大，生活质量就越高。你的影响力越大，你的孩子就越信服你，你解决冲突的速度也就越快，你也更容易在为之奋斗的项目上获得成就，你的想法会被更多人接受，你的产品的销量会增加，你的领导力会增强，你成为高管或成功的自由职业者的可能性也越大。你会越来越自信，表现也会越来越好。

下面这些话会让人失去机会："我不是一个外向的人，所以我不可能影响他人""我不擅长和人打交道"或"我不喜欢说服别人"。不知为何，这些人认为影响力和性格有关，但事实并非如此。一项对社交技能的完整的元分析发现，性格和"政治手腕"无关。而"政治手腕"意味着影响力或理解他人并使其朝着目标行动的能力。这项技能的水平可以说明你完成任务的能力、你对自己能否做好一项工作（自我效能）的看法以及他人对你的正面评价如何。同时，这项技能可以帮助你减轻压力、提高升职和获得更大的职业成功的机会。最重要的是，这项技能会增强你的声望，从而进一步提高你影响他人的能力。

影响力有利于你获得上述职业成果、提升人生整体幸福感，因此我经常告诉人们，他们必须掌握的一项重要技能就是发展影响力。

影响力的基础要素

> 我们不是自己描述的那个人，也不是自己想成为的那个人，而是我们在人生中对他人产生的影响、发挥的作用的总和。
> ——美国天文学家卡尔·萨根（Carl Sagan）

其他高效能习惯中的大多数都是你能自己控制的。你可以选择去明确目标，你在很大程度上能控制自己的能量，能否有高效产出也取决于你自己。但是，你能控制影响力吗？

我们是根据自己的意愿、改变他人的信念和行为的能力对"有影响力"进行定义的。选择这个定义，是为了让你至少在阅读接下来的几页内容时对这个话题有更好的了解。换言之，有影响力意味着你要让他人相信你或你的想法、认同你、追随你或按照你的要求去做事。

当然，影响力是把双刃剑。但越来越多的研究人员逐渐了解到，我们能在何种程度上影响他人对自己的看法，以及我们最终会对他人产生多少影响。事实证明，无论你的性格如何，你对世界的影响都可能远远超乎你的想象。

提出要求（开口就好）

人们很难在个人生活和职业生涯中产生影响力的一个原因是，他们无法开口说出自己想要什么。一个原因是，人们严重低估了他人想要参与和帮忙的意愿。数项研究表明，他人给出肯定回答的次数是人们预期中的 3 倍。也就是说，人们不擅长预测他人是否会答应他们的要求。不提出要求的另一个原因是，人们认为自己会受到严苛的批判。但研究表明，人们高估了他人会批判他们的次数和程度。

只有要求同事去做什么时，你才可能知道你对他们是否有影响力。这一点同样适用于你的伴侣、邻居或老板。正是因此，"不问的话，你就永远不知道答案"这个经验之谈十分中肯。《圣经》中也有类似的表述：求，就给你。获得影响力的方法之一是学会提出要求，并擅长提出要求（只有通过练习才能做到）。虽然很多人希望拥有影响力，但他们从没有使用过创造影响力的最重要的工具：提出要求。

低效能人士从来不会提出要求。他们因为害怕遭受批判和拒绝，不会说出想法，不会寻求帮助，也不会试着去领导他人。可悲的是，他们的担心往往是错的。

在我的职业生涯中，我有幸给很多从事媒体行业的人提过建议。让人意外的是，他们十分敏感。他们一直站在聚光灯下，因此很在意他人的看法。当他们走出节目，或想开展一些副业的时候，他们很难说出自己想要什么。我有时不得不出于好意而采取强硬措施："我知道你担心他人的看法。但是我要告诉你一件可能从来没人和你提过的事：大多数人根本不在乎你。即使你走到他们面前，提出要求，他们拒绝了你，可过一会儿，他们就把你忘了。他们不会坐在那里对你品头论足，他们自己的人生就够他们忙的了。所以你最好勇敢点儿，提出要求。否则，你或许会因为根本不存在的批判而放弃梦想。"

同时，我还会和他们分享以下研究结果：如果一个人答应帮你，通常情况下，他们在帮助你之后会更喜欢你。人们不会不情不愿地帮你。他们如果不愿意，会直接拒绝你。这和人们的直觉相反。如果你的目的就是让他人更喜欢你，那就让他们帮你个忙吧。

最后一点是，当你说出自己想要什么之后，不要只说一次就放弃。研究表明，有影响力的人了解重复的力量，因此，他们会在自己想要影响的人面前多次重复他们的想法。你提出和分享想法的次数越多，人们就越熟悉和适应你的要求，也就越有可能喜欢上你的想法。

提出要求不仅仅是说出你想要什么。如果你想对他人产生更大的影响，就要学会问他们大量的问题，从而了解他们的想法、感受、心愿、需求以及渴望。伟大的领导善于提大量问题。记住这一点：人们会支持他们自己创造的东西。当人们提出自己的想法时，他们就成了这项工作的参与者，他们会支持他们参与创造的想法。他们觉得自己是整个过程中有意义的一部分，而不是一个小齿轮或无名之辈。众所周知，提出问题、鼓励身边的人进行头脑风暴来开辟前进道路的领导者比只会命令和要求他人的"专制"领导效率更高。

这个道理同样适用于维护亲密关系、养育子女和开展社区活动。

问问别人有什么需求，他们希望如何进行合作，以及希望得到什么结果。突然之间，你会发现自己变得更加投入，影响力变得更强。

如果你希望自己有更大的影响力，那请记住这一点：经常提问，有话就说。

不吝付出

在提问的过程中，千万不要忘了付出。在任何需要努力的领域，不期望他人回报的付出都会让你更成功。当然，你实现目标的可能性也就越大。研究人员掌握的事实是，通常情况下，在提出要求之前先对他人付出，你产生的影响力会有极大提升。

高效能人士普遍具有付出式的思维方式。他们在任何情况下都会想方设法帮助他人。他们会认真思考他人面对的问题，然后提出建议、提供资源和需要的关系。他们不需要他人的督促。无论是在工作会议中还是在拜访他人时，他们都会主动看看自己能给他人提供哪些帮助。

在一个组织中，你能给他人提供的最大的帮助是信任、自主权和决策权。研究人员称之为给某人"决策者身份"，也就是说，他们有权决定做什么以及如何去做。

新晋成功者往往很担心"过度付出"——付出太多导致压力过大或疲惫不堪。但这根本不是问题所在。疲惫感实际上是能量管理方法不佳和目标不够明确造成的，和过度付出没有太大关系。

虽然这一切听起来很好理解，但通常人们并不会用这样理智的视角看待疲惫感。这不是因为他们不够热情，而是因为他们担心自己已经处在崩溃的边缘。你在感到疲惫或压力很大的时候是无法正常服务于他人的。正因如此，掌握激发能量和提高产能的习惯才至关重要。在这两个领域得分较高的人往往影响力更大。这很好理解。如果你充满活力地走在实现目标的道路上，那你或许更愿意帮助他人。

支持他人

美国心理学协会（American Psychological Association）2016年的工作和健康调查指出，在美国，只有一半左右的成年员工在工作中受到上司重视，其努力能得到应有的回报和认可。大部分员工（68%）满意自己的工作，一半员工认为自己没有参与到决策、解决问题和设定目标的活动当中，只有46%的员工经常参与上述活动。

设想一下，你走进一间公司，发现一半员工都认为自己没有得到回报，未被认可，没有参与感。再想一想这一切的后果：缺乏动力，士气不足，表现不佳，客户不断流失，对饮水机的抱怨更多，越来越不愿意参加会议。

好消息是，真诚地赞美你希望影响的人，就能轻易地改变上述情况。很多人认为自己遭受排斥，无人赏识，不受重视，因此，当你真诚地赞美、尊重、感谢他们的时候，他们就会注意到你。要永怀感恩之心。如果你能向他人表达你的感恩之心，他们日后回报你的可能性会翻倍。你可以在会议中表达谢意，可以写感谢卡，可以花更多时间去发现员工做的好事。如果你是感恩他人次数最多的人，你就成了最值得感恩的人。

对他人表达感恩是第一步。接下来你要支持他们。如果你是领导者，找出员工的热情所在，在他们提出好点子的时候鼓励他们。当他人做了一件好事的时候，要为他们感到激动，公开赞扬他们。判断你是否真的支持一个人的终极标准是你是否信任他们、给他们足够的决策自由以及在他们表现良好时公开赞扬他们。如果你做到了以上几点，他人就知道你是真的支持他们。

虽然这些做法听起来可能是老生常谈，但我指导过的每一位领导者都明白，他们需要增加向他人表达感恩的次数，给他人更多的信任、自由和赞扬。事实上，我遇到的每个人，包括我自己，在上述几方面的表现都有提高的空间。所以我知道，任何人，包括你，都可以提高自己的影响力。

上述几点是提高影响力的简单办法。下面我们会介绍几个复杂策略。

带来改变

> 一个真诚、友爱的人对另一个人的影响是神圣的。
>
> ——英国作家乔治·艾略特（George Eliot）

你能说出两个对你人生影响最大的人吗？现在好好想一想，然后回答下列问题：

■ 他们对你产生巨大影响的具体原因分别是什么？

■ 他们教会你的关于人生最重要的事分别是什么？

■ 他们教给你哪些价值观，或让你养成了哪些性格？

我问过全世界的学员这几个问题。他们会说这个人是家人、老师、知心朋友、第一位雇主或导师。你永远也猜不到对一个人影响最大的人是谁，但我发现可以推断出这些人对他们影响最大的原因。

通常，对他人积极影响最大的人都有些共同之处。他们做的三件事有意无意地影响到了我们。第一件事是他们改变了我们的思维模式。他们讲述自身经历、传授课程或告诉我们一些道理，以此拓宽了我们的视野，改变了我们对自己、他人和世界的看法。第二件事是他们以某种方式挑战了我们。他们激发了我们的潜能，或激励我们对个人生活、人际关系以及对世界的贡献产生更大的雄心。第三件事是他们为我们做出了榜样。他们的性格、他们与我们以及他人互动的方式、他们应对生活中挑战的方式会激励我们。

现在再想想哪三个人对你产生了最大的积极影响。以上的一件或多件事能否解释他们对你的影响？即使他们以一种微妙的或出乎意料的方式让你成了一个更好的人，或许也是因为上述三件事同时发挥了作用。

我把这三种影响活动称为"终极影响模式"（见图3）。我曾经让首席执行官们以这个模式为中心来修改他们开全体员工大会时使用的演讲稿。我见过妻子和丈夫坐在一起，谈论如何用这个模式来影响正处在青春期的孩子。士兵们也会使用这个模式来分析他们的敌人调动当地抵抗力量的方式。创业者会使用这个模式来组织他们的销售展示和营销材料。

本章接下来的内容会向你介绍三项练习，教你如何利用这个模式。我也会分享他人是如何利用这些练习影响了我的生活。我希望有一天你也能成为对他人产生最多积极影响的人。最后，我们希望看到的终极影响就是这样的。

终极影响模式

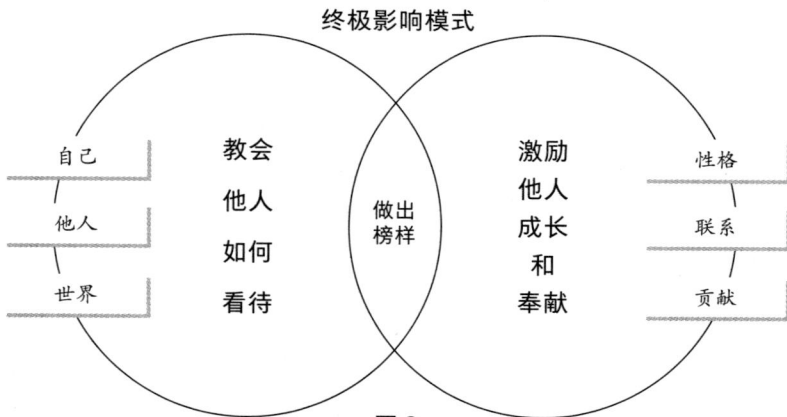

图 3

终极影响模式 ©2007，布伦登·伯查德。最初发布于名为"高效大师项目"的在线课程。

如果你想影响他人，你可以（1）教他们如何看待自己、他人和世界的；（2）激励他们发展自己的性格，建立联系，做出贡献；（3）你希望如何影响他们，就树立怎样的榜样。

练习一：教会他人如何思考

> 对所处时代的思想产生影响的人也会对后世产生影响。
>
> ——美国出版家埃尔伯特·哈伯德（Elbert Hubbard）

我希望能通过一些日常生活中的例子来告诉你从哪里开始影响他人的生活，因为我不希望你只知道一个抽象的概念。在生活中，每个人都会向他人指出应该如何思考，而且这种行为通常是无意识的。想一想你是不是经常说出或听到他人说下面的话：

- 要这样想……
- 你认为……怎么样？
- 如果我们试着做……会发生什么？
- 我们应该如何做到……
- 我们应该关注的是……

毫无疑问，你最近一定和他人说过上面这些话中的某句。你试图了解他们的想法或引导他们思考。你这样做是在提高自己的影响力，即使你可能并没有意识到这一点。

我的目标是让你开始有意识地做这件事。当这件事变成一个习惯，你就会发现自己逐渐擅长做这件事，对他人的影响力也有所提高。

设想一下，你有一个 8 岁的女儿。她正在厨房的餐桌上写作业。她很沮丧，对你说："我讨厌写作业。"你要怎么回应呢？

这个问题并没有通用的解决之法，方法也没有"正确"或"错误"之分。但你是不是可以试着和她聊一聊——不是要命令她完成作业，而是改变她对作业的看法呢？当有人发出抱怨的时候，无论抱怨者是你的孩子还是同事，我们都获得了一个改变他们思维模式的绝佳机会。如果你告诉女儿你小时候是如何看待作业的，以及在改变了对作业的看法之后在学校里表现更好了，也更喜欢学习了，会怎样？如果你问一问她做作业的时候如何看待自己，并帮她重新塑造一种身份认同感，会怎样？如果你告诉她该如何看待老师和同学，会怎样？如果你告诉她周围的人如何看待坚持到底的人，你觉得会发生什么？

当我指导领导者的时候，我会不断告诉他们，要一直与员工交流如何认可自己作为个体的努力、如何看待竞争对手以及如何看待整个市场这些话题。我是认真的。在领导者写给所有团队成员的每一封邮件中，在每次召开全体会议时，在每次拨打投资电话时，当他们每次出现在媒体上时，他们都要做到这一点。在召开全体会议时，领导者应该说出这样的话："如果想获得成功，就要以……的方式看待自己。如果要和对手竞争，就要以……的方式看待竞争对手。如果想改变世界，就要以……的方式看待世界和未来。"

现在花些时间想想，你希望对谁产生影响。你要如何改变他们的思维模式？你可以从如何影响他们开始思考。你希望他们做什么？在与你想要影响的人见面之前，你要想好下列问题的答案：

- 你希望他们如何看待自己？
- 你希望他们如何看待他人？
- 你希望他们如何看待世界？

请记住，你希望员工从下面三方面进行思考：自己、他人以及世界（世界运转的方式、世界的需求、世界的发展方向以及某一行为对世界的影响）。

学会如何思考

虽然父亲在家里私下对儿子说的话不会被任何人听到，但是就像在耳语廊里一样，他们的子孙后代最终会清楚这昏话的内容。

——德国作家让·保罗·里克特（Jean Paul Richter）

在采访中，人们经常问我曾受到哪些影响，谁改变了我对自己、他人以及世界的看法。这个答案要从我的父母说起。

谈及我父母如何教我进行思考，我能想起很多事。在我五六岁的时候，我们住在蒙大拿州的巴特。有一年冬天，取暖器出了故障。在一些地方，如果取暖器坏了，只是很不方便而已。但是在巴特，如果取暖器坏了，那就是遇上大麻烦了，因为巴特冬天的气温基本都低于零下 20℃。可问题是，我们没钱修取暖器。虽然我的父母努力工作养育我们四个，但我们的日子还是很拮据。所以，至少要再等一周，在我父亲发工资后才能去修。

现在回头看看，当时的情况对我们四个孩子而言都可能充满压力，更别说对我们的父母了，但他们总有很多主意，想方设法让每天的生活都充满欢乐。因此，他们没有慌乱。我母亲在车库里找出野营帐篷，支在客厅里，然后把我们的睡袋、外套和电热毯扔到帐篷里。我们四个孩子根本没察觉到当时的危机，只觉得我们是在露营。第二天到学校后，我们会问其他同学："你们昨晚在哪儿睡的？"当他们回答自己睡在卧室里时，我们就会开始炫耀，告诉他们我们昨晚在客厅里露营了。我的父母把艰难处境也变得充满乐趣。把苦难变成美好时光是人生最高级的艺术之一，而我的父母很擅长这门艺术。

在养育我们的过程中，我的父母遇到了很多挑战，他们借着这些挑战教会我们要自力更生。他们希望我们这样看待自己：无论遇到什么情况，我们都能应对，都能充分利用一切资源做到最好。我母亲一直告诉我，我很聪明，很多人都爱我，我应该关心我的兄弟姐妹，因为家人是我拥有的一切。我父亲则一直对我说要"做自己""做诚实的人""发挥你最大的能力""照顾家人""尊重他人""做一个好公民""追求你的梦想"。

童年时我父母对我的引导教会了我如何看待自己。

他们的待人之道也教会了我们如何看待他人：抱有同情心。我上中学时，我父亲成了当地机动车管理局的主管。他的团队负责给考试合格的人颁发驾照。这句话中的关键词是"合格"。很多人没能合格，原因可能是过不了笔试，视力太差，不会停车或者忘了遇到红灯要停车。还有的人忘了带身份证或社保卡。但大多数人的共通点是他们在得知自己当天拿不到驾照时的反应。他们很愤怒。

机动车管理局的经费严重不足，导致人们在这里的体验更加糟糕。由于资金不足，人们经常得排长队，使用老旧的机器，或者不知道自己应该做什么。机动车管理局的工作人员收入很低，还要整天面对不满的人们，无穷无尽的繁文缛节和官僚主义阻碍了他们的发展。但那里的工作人员努力做到最好。至少我父亲做到了。

我记得我经常和父亲一起去他的办公室。他真是个快乐又贴心的人。他曾在美国海军陆战队服役两年，退役后做过三份工作，同时还去夜校学习，获得了大专文凭。我父母成长过程中的生活条件就不是很好，他们在成家后努力地工作，但是为了抚养我们四个孩子，生活条件依然很差。

我非常尊敬我父亲，所以你能想象在看到那些因为自己忘带证件或没通过考试就冲我父亲大喊大叫的人时，我很不好受。我听到那些人侮辱他的智商、他的团队、他的办公室、他的长相以及他本人。我见过人们把证件摔向他。我也见过人们朝他吐口水。

当人们轻视或指责我父亲的时候，我很想告诉他们："你们知不知道他工作有多努力？你们知不知道根据州法，他已经做了所有能做的事？你们知不知道他工作了20年，做了一切能做的事来维护你们的自由？你们知不知道他非常痛苦？你们知不知道他是我父亲？你们知不知道他是我的英雄？"

　　我看着这些人态度恶劣地对待我父亲，但同时也看到了他的回应。他很少被他们激怒。他总能优雅而镇静地处理工作中的冲突。他努力让人们微笑或大笑，他总能讲出最好笑的笑话，他总想着帮助别人。即使人们态度不好，他也会耐心地引导人们出示证件、参加考试。如果他的下属遭遇粗鲁对待，他会拍拍他们的后背，小声说几句鼓励他们的话。大多数时候，我父亲晚上下班回家时都是一副沉着冷静的样子。他很少会把坏情绪带回家，迁怒我们。大多数时候，特别是他晚年的时候，他似乎总能把压力留在工作当中，回家后会冷静地坐在沙发上读报纸，打高尔夫球，和我去打壁球或打理庭院。他渐渐变成了一个冷静的战士。

　　小时候，我不知道他得费多大劲才能在工作中保持冷静。现在回头看看，我很敬佩我的父亲——这位年迈的枪炮士官从没有越过服务台，掐住别人的喉咙。

　　我多次见到我父亲在工作中遭遇态度恶劣的人，但他也多次在回到家后告诉我们，有一个善良的人带着饼干去感谢他的团队。他告诉我，他对此并没有表现得很惊讶，因为他知道大多数人都是善良、友好的；只是他们在赶时间的时候难免会忽视他人、态度轻蔑、粗鲁待人。他总会把人往好处想。对我父亲而言，每个人都像是他的邻居，他希望能帮助每一个人。

　　这就是我父亲教给我的看待他人的方式：把他们当成邻居，把人往好处想，尽可能帮助他们。当他们因为匆忙或难过而态度恶劣时，我应该以耐心、风趣的方式对待他们。

　　我的母亲也很了不起。她出生在越南，父亲是法国人，母亲是越南人。她父亲早年死于漫长的越南抗法战争。后来，她未来的丈夫，我的父亲，参加了越南战争。她父亲去世后，她被送到法国的战争儿童保护院，被迫和弟弟分开，被送到了寄宿学校，并在那里受到了虐待。她21岁时移民到了美国。最后，她在华盛顿特区的一间公寓遇到了我父亲，他是她的邻居。后来，他们坠入了爱河，不久后一起搬到了蒙大拿州。在那里，我父亲变得成熟了，他们开始抚养我们几个兄弟姐妹。

毫无疑问，我父亲爱我母亲，是因为她是最快乐、最有活力的人。

他们结婚后搬到了蒙大拿州，那时我父亲在机动车管理局工作，而我母亲在做不同的兼职——理发、在护理院工作——为的是养活一大家子人。我上中学的时候，我母亲在当地一家医院给护士做助手。我记得我十几岁时经常能看到她半夜坐在沙发上哭泣，我父亲在一旁安慰她。医院的一些女员工对我母亲很刻薄，因为她说话有口音。她不是"本地人"。英语是她的第三门语言，所以她很难记住医学术语，发音也不准。因此，她的同事就会轻视她，给她使绊子。有时候，一个小镇上的外来人的处境是很艰难的。

尽管如此，我母亲还是很和善，她希望我们也能学会理解他人——即使对方是个刻薄的人。和我父亲一样，她总把人往好处想。她会提醒我们，人们已经尽了自己最大的努力，而他们总是需要我们的帮助。我儿时对母亲的记忆大多数是关于她烘焙食物送给他人，或给人们送礼物的。她说，其他人需要我们的关心和慷慨。

直到今天，我母亲也是最积极、付出最多、最善良的一个人。在我的研讨会上，她经常会来给我的团队帮忙，尽管与会者并不知道她是谁。她会帮忙签到，为数千人服务。通常，我会在活动最后一天把我母亲请上台，对她表示感谢。当她走出来的时候，人们会发现她整个周末都在作为一位工作人员辛勤工作，我能看出，有的人在想，太棒了！还有人在想，哦不，我要是早知道她是谁，就会对她态度好一点。尽管如此，人们总会为她起立欢呼。我母亲经历过很多磨难，而看到她站在台上，台下数千人为她起立欢呼，这种感受我很难用语言形容。

我父母的一言一行教会了我如何看待他人。他们并没有对我说其他人多么刻薄或多坏。总体来说，他们认为大多数人都是好人。他们的言行告诉我，如果我们能做到耐心、优雅和风趣，他人会向我们敞开心扉，会改变，会露出友好的一面。

我父母教会了我一件最重要的事，那就是要积极地看待这个世界。他们对世界给予他们的一切都心怀感恩，对明天会发生的事充满期待。他们没有宏伟的梦想或不切实际的计划。他们淳朴善良，相信只要努力工作，世界就会公平待你。他们告诉我人生是靠自己创造的，人们来到世上，就要享受人生。我无法想象，如果没有我父母的教导，我的人生会是什么样的。

每个人都有过受到他人影响之后朝着积极方向看待事物，或是从而拓宽了眼界的经历。我的故事或许会让你联想到你自己的故事，想到曾对你产生影响的人，以及你该如何教导子女或团队去思考。

表现要点：

1. 我想对 ＿＿＿＿＿＿ 产生更多的影响。

2. 我希望通过 ＿＿＿＿＿＿ 来影响他们。

3. 如果我有机会告诉他们该如何看待自己，我会说 ＿＿＿＿＿＿。

4. 如果我有机会告诉他们该如何看待他人，我会说 ＿＿＿＿＿＿。

5. 如果我有机会告诉他们该如何看待世界，我会说 ＿＿＿＿＿＿。

练习二：激励他人成长

试着激励他人，让他们在想要成功的任何领域拿出最好的表现，是最重要的事。

——美国篮球运动员科比·布莱恩特（Kobe Bryant）

高效能人士会挑战身边的人，让他们表现得更好。如果你观察高效能人士的生活，就会发现他们在不断发出挑战，激励他人做到更好。有时，他们会采取一些强硬措施督促人们前进，而且不会为此道歉。

这可能是整本书里最难执行的一个练习。人们总是害怕去挑战他人，因为这听起来火药味很重。对方很可能会回击、感到不适或反问："你以为你是谁？"

但是这种做法本质不是要挑起冲突，而是要通过微小或直接的积极挑战帮助他人不断进步。

和其他交流策略一样，发起挑战时的目的和语气十分重要。如果你的目的是鄙视他人，那你发起的挑战会对他人产生消极影响。如果你用一种居高临下的语气和他人说话，也会造成消极影响。但如果你是真的想帮助他人成长为更好的自己，用尊重的语气和他们说话，那你发起的挑战就会激励他们成为更好的人。

毫无疑问，无论你的沟通技巧有多好，一旦你开始强迫他人成长或做出贡献，有些人可能会对你表示反感。但如果你想做出改变，增强真正的影响力，这是你必须付出的代价。你必须真心地向孩子发起挑战，激励他们培养个性，善待他人，做出贡献。同时，你也要真心地向家人、同事以及任何服务对象或下属发起挑战，激励他们成长。

我们生活在一个危险的时代，人们不愿意和他人一起制定标准。"制定标准"是"发起积极挑战"的另一种说法。人们认为发起挑战会导致冲突，但事实并非如此，特别是在向高效能人士发起挑战的时候——他们喜欢挑战。挑战是他们的动力。他们不但能应对挑战，而且如果你能对他们产生影响，他们还会希望你对他们发起挑战。高效能人士热爱挑战，记住这一条就够了。这是我们研究中最普遍的一个发现。考虑一下这些表述：

■ 遇到挑战和紧急情况的时候，我能快速应对，而不会逃避或拖延。

■ 我热爱尝试应对新的挑战。

■ 虽然有阻碍或阻力，但我相信自己能实现目标。

对上述表述表示非常同意的人往往都是高效能人士。也就是说，高效能人士擅长应对挑战，也愿意认真对待挑战。不要犹豫是否要对他们发起挑战，不要剥夺他们对挑战的热爱。

性格

对他人有积极影响的人会从三方面对他人发起挑战。首先，他们会对他人的性格发起挑战。换句话说，他们非常期望他人拥有诚实、正直、负责、自控、有耐心、努力和执着等普遍价值观。他们会告诉他人在这些方面应该怎么做，也会给出反馈。

对他人的性格发起挑战听起来就像要和他人发生冲突一样。但事实上，挑战他人的性格是在对其进行支持和帮助。我敢肯定，某个对你有影响的人一定对你说过"你能做得更好"或"你能成为更优秀的人"或"我认为你还有进步的空间"。这是挑战你性格的标准说辞。虽然你可能不喜欢听这些话，但是我能肯定你很在意，之后会对自己的行为进行反思。

当然，我们也可以通过间接挑战的方式迂回地激励他人完善其性格。提问某人："你状态最好的时候会怎么应对这种情况？"会让人在采取行动时目的性更强。其他间接挑战还包括下面这些说法：

■ 回首过去，你认为自己是否做到了全力以赴？

■ 你拿出自己最好的表现来应对这种情况了吗？

■ 你做那件事的时候希望传达哪些价值观？

如果你是一名领导者，我建议你直接挑战你的下属，让他们思考在未来该如何挑战自己。提问他们"你希望给人们留下什么印象？如果你做到全力以赴，你的人生会是什么样的？你在哪些方面找过不作为的借口？如果你变得更强大，你的人生会发生哪些改变？"

联系

你可以对他人发起挑战的第二个领域是他们与其他人的联系——他们的人际关系。你要说出你的期望，提出问题，举出事例或直接告诉他们如何改变待人接物和为他人创造价值的方式。

你不能纵容糟糕的社交行为。高效能的领导者会点名批评表现不当、态度粗鲁或瞧不起团队中其他人的成员。如果孩子存在这些问题，高效能父母也会直接指出。他们不会容忍消极行为。

高效能人士会直言他们希望他人如何对待彼此，这点很重要。他们会反复、直接告诉他人应该如何对待彼此，我每次遇到这种情况时都感到很吃惊。即使他们周围的人对其他人态度很好，他们依然要求他们再团结一点儿。

你如果观察一位高效能领导在团队会议中的表现，或许会发现他们经常会表示自己希望团队该如何合作。他们会说：

- 多听听别人怎么说。
- 多尊重彼此。
- 多支持彼此。
- 多和彼此相处。
- 多给彼此一点儿反馈。

在他们挑战他人的时候，"多"会反复出现。

我面向世界各地的学员介绍过这一点，但我发现一些人对此产生了误解，他们认为高效能人士对团队太"严苛"了。事实并非如此。

可以肯定的是，高效能人士的确对他们影响的对象有很高的期望，但是很明显，他们之所以挑战你，让你完善自己的人际关系，是为了让你和家人或同事联系更紧密。高效能人士希望帮助你和他人建立紧密联系，因为他们知道这种关系有利于提高你的成绩。

贡献

可以对他人发起挑战的第三个领域是贡献。你要督促他人创造更多的价值，成为更慷慨的人。

这或许是高效能人士发起的较难的挑战之一。因为你很难开口对他人说"嗨，你在工作中的贡献还不够，你能做得更好"，但是高效能人士敢说这样的话。

通常，高效能人士发起挑战，让他人做出更多贡献的时候，不会只给出对当下进行的工作的反馈。他们会督促你在做出贡献的同时向前看——让你有所创新，创造更好的未来。

我做过的所有深度访谈都让我清楚地意识到，在督促他人做出更多有意义的工作时，高效能人士会着眼于未来。他们不仅仅会要求他人更好地完成手头的工作，还会让他人推陈出新，集思广益地想出全新的商业模式，找到邻近的市场去投放产品，督促他人进入未知的领域，创造新的价值。

一开始我认为高效能人士是在统一面向所有人做这件事，告诉整个团队去创造更美好的未来，结果我错了。事实上，高效能人士是在单独对每一个人发起挑战。他们会走到团队中每个成员的工位上，给每个人不同的目标。他们会根据团队中每位成员的不同情况来调整挑战的难度。督促他人做出贡献没有通用方法。通过这一点，你就能知道自己是否在和一位高效能人士一起工作：他们会去了解你的处境和专长，根据适合你的独特方式告诉你，希望你能为整个团队朝着更好的未来发展而做出贡献。

我对自己的毅力和领导力的挑战

> 一个人的老师会影响其终生。
>
> ——美国历史学家亨利·亚当斯（Henry Adams）

　　在我少年时期，除了我的父母之外，琳达·巴娄也对我产生了重要影响。琳达出现在我人生中一个很重要的时刻——我快要辍学的时候。

　　不是我不爱上学，而是当时我们全家有机会去法国探亲。由于我父母工作时间的安排，我们只能在我上学期间去法国。不巧的是，我们所在的学区当时刚颁布严苛的旷课政策，一旦旷课超过 10 天，本学期就不能再去上学了。而我们的出行时间刚好违背了这项政策的要求。我们的旅程长达 14 天。如果我和父母一起去法国，我那学期就不能再去上学了。如果想按时毕业，我就得在暑假的时候补课——但是暑假期间，我通常都要做全职工作，为上大学攒钱。我父母和我努力向校长和学校董事会争取，希望他们能破例让我和家人一起去法国，回来后继续上学。我们的理由是，这次去法国探亲对我们家人来说是一次千载难逢的机会，而且我们已经和老师说好，回来之后我会给同学做报告，讲述这次旅行的经历，以此来弥补不在校的十几天时间。

　　很不幸，我们没说通校长和学校董事会。如果我选择去法国，回来后就不能再上课了。我的暑期工作也让我没法去上暑期班。也就是说，我可能不能和朋友们一起毕业了。我特别难过。

　　但我们还是去了法国，因为马克·吐温说过："切莫让学校阻碍了教育的发展。"我在本地报纸上发表了一篇谴责学校董事会的文章，然后就登上了飞往欧洲的飞机。旅途中，我们了解了当地的文化，参观了许多景点，我拍了很多照片，并用文字把一切记录下来。那段旅行是我人生中最棒的学习体验，我们一家人也因此更亲密了。

不出所料，旅行回来以后，学校禁止我回去上学。我的法语老师同意我到学校和同学们分享我在法国拍的照片和旅行经历。但当校长发现我在学校的时候，他派人把我赶出了校门。整件事让我很愤怒，于是想着干脆直接退学算了。我当时的伟大计划是从高中辍学，然后去搞景观管理工作。

后来我遇到了琳达·巴娄。琳达是我们学校的英语老师，同时也是学生报纸《艾尼瓦》的新闻顾问。她读了我发表在本地报纸上的文章，也从美术老师那里听说了我在法国拍了照片的事情，于是她找到了我。

我们谈话的时候，她赞扬了我的文章，紧接着对我说，我还能写得更好。她问我是如何组织语言的，然后给了我一些建议。之后，她说想看看我在法国拍的照片。她先夸奖了我拍的照片，之后又表示我可以拍得更好。先表扬后发起挑战的方式对我很有用。我想，我就是从她对我的贡献发起挑战的时候开始和她成为朋友的。

我对她说："但这些都不重要了，因为我没法回去上学了。"我永远也不会忘记她当时的回答。她没有说我的想法太愚蠢了。她没有试图劝我，告诉我学校行政人员也是在执行政策而已。她也没有解释读完高中的价值，而是以一种尊重我的方式开始激将法。

"布伦登，你不像是会退学的人，你肯定也不想退学。你是个强大的人，不会因为行政人员的决策而辍学。"

琳达说我有潜力，下学期回去上学的时候应该加入学生报社。她把我重回学校、加入报社看作一件理所当然、自然发生的事情。我再次对她强调说，我要退学。于是她从我的性格、联系和贡献三方面对我进行了激励。她说了以下这些话。

"这太糟了。你不该那样做。你的同学们需要像你这样的人 —— 一个愿意捍卫自己信念的人。你在学校里能做出很多贡献，同时你也能在学校里学会如何创造优美的艺术，写出好的文章。你天赋过人，潜力十足，如果不用来进行创作，那真是太可惜了。好好想一想。如果你觉得回来上学是一件好事，就告诉我，我会一直在你身边。你不像是个会放弃的人。"

我忘了自己是怎么反驳的了，但是我清楚地记着她是如何回应我的。琳达倾听了我的反驳。她接纳了我的看法，并赞扬了我的观点。她和我建立了真正的联系，对我说希望能再见到我。

第二学期，我重返校园。

那年，琳达带了一组学生，我也在其中。她激励我们用前所未有的方式去思考、合作、做出贡献。虽然我们资源有限，经验不足，但是琳达告诉我们要满怀希望，她认为我们的报纸可以成为全美最棒的高中校报。她让我们以优秀为目标去发展，不是为了获得奖励，而是希望我们能尽自己最大的努力，这样当我们看到镜子里的自己和同伴时就会感受到我们的骄傲和友谊。她希望我们能成为团结同伴的领导者。

琳达的领导风格体现了"人们会支持自己的创造"的观点。虽然琳达是传媒方面的专家，但是她把头版、标题、照片、署名以及版面的选择权都交给了我们。她告诉我们要如何对竞争者进行分析，努力完善报纸，呈现出最佳的成品。她引导我们团结彼此，互相支持，以各自优势为基础进行发挥。她十分坚定且充满热情，提高了我们的能力，增强了我们的自信。琳达通过不同的方式让我们成长为更好的人。

每个最后期限前赶工的周末和深夜，琳达都会陪着我们。她为我们做出了榜样，通过这种方式告诉我们记者应该具有的品质——掌握提问的艺术。我现在还记得，当我给最后一幅照片或最后一篇文章排版时，琳达会站在我身后问我："你确定你要把它放在这个位置？这是最终版本吗？你还有没有想要添加的内容了？"她总会问我们很多问题，让我们思考如何更好地应对某一状况，我们想成为什么样的人，我们想向世界传达什么信息，如何优异地完成任务，我们希望以什么方式呈现自己和学校。

在那年的全国新闻教育联盟大会上，我们的报纸获得了"最佳展示奖"，并且是全美第一名。我们这个来自蒙大拿州的不知名的学校打败了预算和资源是我们 10 ~ 20 倍的名校。在琳达·巴娄的带领下，我在摄影、排版与设计、新闻撰写以及调查报告等分项上获得了国家级和地区级的奖项。最后，我成了校报的总编。我毕业之后，我们的校报在接下来的 10 年里也一直在斩获最高奖项。

蒙大拿州财政紧张，这里的学区也缺乏资金，因此琳达·巴娄在这里的一所高中开设的新闻项目预算不足。尽管如此，她仍不断接收毫无经验的学生，把他们培养成最终获得最高国家奖项和国际奖项的杰出的年轻记者。她的学生创办的报纸几乎包揽了高中新闻界各类奖项的一等奖，琳达可能是美国历史上获得荣誉最多的高中新闻教师。

她为什么成就如此之高？原因可以归结为三点：她教会我们如何思考；她对我们进行激励；她做出榜样，以榜样的力量影响团队中的每个人，激发我们的优异表现。

就在我要退学的那天，我和琳达·巴娄的谈话彻底改变了我的一生，对我来说，那是珍贵且重要的一天。如果没有她，你就不会读到这本书。

表现要点：

　　想想你希望对谁产生积极的影响，然后补全下列句子：

性格

　　1. 我想要影响的人有以下性格优势 _____。

　　2. 如果这个人做到 _____，就会成为更强大的人。

　　3. 这个人在 _____ 方面对自己要求可能太严格了。

（续表）

---

4. 如果我有机会告诉这个人如何提高自己，我会说 _____。

5. 如果我能激励这个人，使其想成为更好的人，我可能会说 _____。

联系

1. 我希望通过 _____ 方式来改变这个人和他人交流的方式。

2. 通常，这个人不能像我期望的那样和他人好好建立联系，是因为 _____。

3. 激励这个人友好待人的方法是 _____。

贡献

1. 这个人做出的最大贡献是 _____。

2. 这个人在 _____ 方面做得不够好。

3. 我希望这个人可以在 _____ 方面做出更多贡献。

练习三：做出榜样

> 榜样就是领导力。
>
> ——德国思想家阿尔伯特·史怀哲（Albert Schweitzer）

高效能人士会经常思考自己如何成为他人的榜样。71% 的高效能人士表示，他们每天都会思考这个问题。他们希望自己能为家人、团队和社会树立榜样。

当然，每个人都会说他们希望自己成为他人的榜样。谁不想成为他人效仿的对象呢？但我发现，高效能人士会更频繁地思考这个问题，他们会具体地思考自己希望如何影响他人。也就是说，他们不仅仅想成为一个好人——就像你想象中的榜样那样善良、诚实、努力、慷慨、有爱心——他们还会更进一步，思考该怎么做才能让其他人追随自己或帮他人获得实际的成果。他们的心态不是"我要成为特蕾莎修女"，而是"我做这件事是希望他人能够效仿我，然后我们一起获得实际成果"。

需要明确的一点是，高效能人士的确希望被视为好人和好榜样。在这一点上，他们和普通人一样。真正让他们成为高效能人士的原因是，他们清楚该怎么做才能帮助他人进步或取得具体成果。

我们回头看看本章开篇的那个故事，以此来说明这一点。你还记得那位服装公司的首席执行官胡安吧？他当时正在和新任设计师丹妮拉较劲。我对他发起挑战，希望他能成为一个更好的领导者，去管理丹妮拉和团队。然后我提出了终极影响模式。我们一起探索这个模式，明确他希望丹妮拉如何看待自己、团队和公司。之后，我们讨论了根据丹妮拉的性格、她和他人之间的联系以及她的贡献，胡安该激励丹妮拉接受哪些挑战。最重要的一点是，我让胡安假设他和丹妮拉身份对调，然后又将这个模式重演一遍。换言之，我让胡安想象一下，丹妮拉会如何用这个模式给他提出建议，告诉他该如何思考、接受哪些挑战，她最希望他如何看待自己、团队和公司，她会如何从性格、联系和贡献三方面激励他。对胡安来说，从丹妮拉的角度思考这个模式实属不易。但是通过换位思考，胡安意识到丹妮拉是在影响他，而他把丹妮拉的领导力当成了威胁。他开始意识到，丹妮拉明显是在对自己和公司的现状进行挑战，而这一挑战或许真是有效的。

当然，我们只能猜测她的看法。可以肯定的是，如果胡安想改变现状，他自己必须做出改变。我们要让他进入"榜样心态"，这和"防御心态"有很大的差别。

　　为了改变胡安的思维模式，我让他告诉我在他的人生中对他影响最大的人是谁。在他回答的过程中，我列出了终极影响模式的因素，告诉他这些人对他产生重大影响的具体原因——他们激励他以及教他思考的方式。对他影响最大的人是他父亲和他的第一位商业合伙人。他对我讲了他父亲和第一位商业合伙人的故事之后，我问他打算如何利用他们留给他的精神财富，把他们的价值观和精神融入自己的公司。我说："他们是很了不起的人，你打算如何利用从他们身上学到的东西来影响你的公司以及你的领导风格？他们两位是你的榜样，你如何才能给你的团队树立像他们一样的榜样？"

　　这段谈话明显让他很震惊，因为大多数人不会思考这类问题。

　　我继续说："现在咱们来看看目前的问题。你觉得为什么公司里这么多人都把丹妮拉看作榜样？"虽然几分钟前他甚至没用几个好词来形容丹妮拉，但是现在他还是不情不愿地说出了丹妮拉的几个优点。丹妮拉很直率，他敬佩她的这一点——虽然他不喜欢这样——因为他像丹妮拉这么大的时候可没她这么勇敢。丹妮拉能快速地说服他人赞同她的观点，因此很多原本支持他的人都开始支持丹妮拉了，胡安很佩服她这一点。他欣赏丹妮拉的坚韧。他认为他人把丹妮拉视作榜样是因为她会对他们提出挑战，激励他们把目光放得长远——在这一点上，她比他做得好。

　　一时间，我不知道我们的努力是不是已经见效了。胡安是变得更沮丧了，还是改变了看待事物的角度？于是我继续推进，对他说："胡安，我在想有一天你能否像她对待其他人以及你的榜样对待你一样对待丹妮拉，给她树立一个好的榜样。如果你做到了，情况会怎样呢？"

　　最后这个问题让一切明朗化了。我真的看到一束光照在了胡安身上。虽然我不知该怎么形容，但是几个月来一直困扰他的挫败感似乎离他而去了。

　　当我们不再小题大做，决心问问自己该如何再次成为他人榜样的

时候，生活中就会出现奇迹。

　　胡安意识到，如果他想成为榜样，他就必须做到自己希望丹妮拉做到的事：在领导他人的时候要学会提问，而不是顽固地坚持自己的立场；他必须接纳每个人的想法；他必须让丹妮拉发挥领导力。如果他希望丹妮拉有一天能接受他的想法，他必须先接受丹妮拉的想法。他如果想得到尊重，必须先尊重他人。但是胡安意识到，最重要的一件事是，他没有表现出父亲和商业合伙人教给他的价值观。"我觉得自己非常暴躁，他们一定不希望看到我用这种方式领导他人。"

　　当飞机落地，他们准备去开全体会议的时候，胡安已经反复演练了多次终极影响模式，还和亚伦与我集思广益，产生了一些想法。但当我们到达会议现场时，胡安在我们两人不知情的情况下决定放弃会议既定的全部议程，转而向团队成员宣传终极影响模式，同时，他准备和团队中的每个人 —— 包括站在丹妮拉那边的成员 —— 进行真正的对话。他问他们，作为一个团结的集体，他们该如何看待自己、竞争和市场。他向他们发起挑战，让他们制订出关于如何让自己成为更好的领导者、如何与团队一起成长、公司如何为市场做出更多贡献的计划。他表现得热情开放，充满合作的意愿，鼓舞人心。这不是装出来的。我能看出胡安在对员工讲话时一改往日风格，大家都很惊讶，但很喜欢这样。

　　在培训结束时，胡安让首席设计师丹妮拉走上前。他承认自己之前对丹妮拉、团队和品牌的看法是错误的。他告诉大家自己在性格、联系和贡献方面遇到的挑战。胡安请丹妮拉分享她的终极影响模式，然后他坐到了一旁。一开始，丹妮拉很惊讶，她小心翼翼地走上台。但是胡安一直鼓励丹妮拉，让她多多分享。就这样，两个小时过去了。这期间，胡安一直坐着听丹妮拉讲话，请她分享更多看法，同时还在记笔记。丹妮拉讲完后，他带领全体员工起立为她鼓掌。那天晚上，团队一起吃饭，丹妮拉在给胡安敬酒时说了一番话，这是我从事这行以来听到的措辞最真诚、感情最真挚的祝酒词。

在返程的飞机上，胡安说了一番令我难忘的话："有没有可能，我们影响他人的能力取决于我们接受他人影响的能力？"

表现要点：

1. 如果我希望在人际关系或事业中做出更好的榜样，我首先要做的事情是 _____。

2. 如今格外需要我的领导和榜样作用的是 _____。

3. 我想成为 _____ 的榜样，那么我就应该做 _____。

4. 如果 10 年后我的 5 位最亲近的朋友认为我起到了榜样作用，我希望他们对我的评价是 _____。

拒绝操控

> 如果你能帮人们得到他们想要的，你也会得到你想要的。
>
> —— 美国励志作家金克拉（Zig Ziglar）

每当我谈到对他人产生影响或分享终极影响模式的时候，总会有人问我这是不是在操控他人。我想人们之所以会问这样的问题，是因为我们都曾遭遇来自爱人、朋友和商家的操控。我们都见过操控我们的思维方式、刺激我们购买无法负担的商品的商家和媒体。我提到的那些方法会被用来操控他人或对他们产生消极影响吗？当然会了。

我希望读完本章之后，你能对提高更高水平的服务有更多的理解。终极影响模式中最完美的一点 —— 成为理想的榜样 —— 是一个非常强大的动力。毫无疑问，高效能人士有能力操控他人，但是他们不会这样做。我怎么知道这一点？因为我对世界上很多高效能人士进行过采访、追踪、训练和指导。在这些过程中，我认识了他们的团队、家人和爱人。高效能人士身边没有人觉得自己被操控了。他们觉得自己受到了信任、尊重和激励。

我们可以通过操控他人获得成功吗？当然可以，只不过是短期的。最终，操控者会断了自己的后路，没有人会再和他们保持关系，没有人会支持他们，所有人都会离他们而去。他们维持不了长久的人际关系，也无法保持长期健康。他们的成功是建立在欺骗、不和以及负能量之上的。当然，你可能会发现一些个例，有些骗子也获得了长久的成功，但这种情况十分少见。多数操控者都做不到这一点。我想告诉你的是：大多数获得长期成功的人都是通过成为榜样而非操控者来实现这一点的。

我说这番话是因为我们所处的世界十分混乱，遍布着各种阴暗面，但这也给我们提供了一个成为光明之源的机会。在动荡的时代，我们所有人面临的问题是，为了成为榜样，我们会付出多少努力？我们每天会花多少精力去帮助他人拓宽思路？为了帮他人进步，我们会对他们提出多少挑战？在我们的有生之年，我们能在多大程度上激励我们的下一代人？

高效能习惯6

显示勇气

应对困难的方式有两种：改变困难，或者改变自己去应对它。

—— 英国作家菲丽丝·博顿（Phyllis Bottome）

- 崇尚拼搏

- 展示真我，表达雄心

- 为某人而战

手机把我吵醒了。我沙哑地说了一句几不可闻的"喂"，然后看了看表，凌晨 2:47。

电话里传来一位女性的声音，她说："我想让你看样东西。网友现在恨死我了。我觉得我有麻烦了。"

"什么？"我从床上坐起来，嘟囔道。打电话的女性名叫桑德拉，她是我的客户，同时也是一位知名人士。她经常小题大做。"什么麻烦？你还好吗？"

"我没事。我暂时是安全的。但你能不能看一眼我刚发给你的链接？"

我点开了链接，看到了桑德拉发在网上的视频，标题是"坦白"。"等一下。"我一边摸索着穿上衬衫一边说，然后悄悄走出卧室，以免再把我的妻子吵醒。

我下楼走到厨房，我在这儿能放开声音打电话。桑德拉迫不及待地说："你能看视频了吗？你能不能看一眼评论？然后给我回电话，好吗？"然后她就把电话挂断了。

视频中，桑德拉坐在那里，对着镜头说话。她首先告诉观众，她一直在骗大家，她一直都在表演。她说，自己看起来一直是个阳光、快乐的人，但是摄像机和媒体从来没有展现过她真实的一面。她误导人们以为她是个快乐的人，这让她感觉很糟。她希望让大家知道她会更诚实地面对自己的痛苦。

我不喜欢这个视频，它很不真实。它的标题像在骗取点击量。桑德拉用一种令人信服的情绪讲述着自己的故事，但是没有提供任何细节。这个视频给观者的印象是"哦，可怜的名人，你想告诉我们你过得不容易"，但因为没有具体细节，视频显得平淡无奇。看看评论就知道，大多数人同意我的看法，许多人都在嘲笑她。没有嘲笑她的人在评论里让她谈谈细节。没几个人同情她——不完全是因为人们不在乎，而是因为她在视频里的说法含糊其词，所以人们没法感到共鸣。

我给桑德拉发了消息："我看了视频，也读了评论。你怎么了？人们好像不喜欢这个视频，但是我能肯定，你不会有事的。"

她回复我说："没什么。我也不知道。明天中午一起吃个饭？"

我们约好一起吃午饭，谈话到此结束。我摇了摇头，坐下来继续读视频的评论。我太烦了，失去了睡意。

我开始想象明天吃午饭时的对话："布伦登，你告诉我要勇敢，我觉得我做到了。"然后，她就会提醒我是我告诉她要多表现真实的自己。根据以往的经验，她会埋怨我或冲我嚷嚷。我很少持续和这类喜怒无常的客户合作，但我一直在指导桑德拉，因为我知道她本质是个善良的人。

尽管如此，我还是得克制自己。我已经知道自己会说什么了。我会表扬她有勇气发这个视频，但我还会告诉她："抱歉，桑迪，发视频不等于有勇气。"

我得控制自己，不然我就会没完没了地抱怨。"勇气"这个词现在已经被夸大到了一个十分滑稽的地步，我对此十分不满。如果有人第一次在社交媒体上发布了这样一个类似日记的视频，我们应该拍手叫好，评论说："哇，你真勇敢！"如果有人在大家一起集思广益时提出了一个想法，我们应该说："哇，你真勇敢！"如果一个孩子完成了跑步比赛，即使他是最后一名，我们也要说："哇，你真勇敢！"

但是，天哪。没错，发布视频是在表达自我，但发布视频也是为了吸引他人的注意或分享一则信息。所有人都在分享信息，所以你这么做并不算多有勇气。今天有 10 亿人在网上发了帖子。难道能说每个人都很勇敢？在集思广益的时候提出想法是你的工作，所以，如果你没有因为勇敢而得到拥抱，你也知足吧，至少你有"伟大的想法"。一个不肯尝试、一直抱怨甚至都不想参加比赛的孩子以第 59 名的成绩勇敢地冲过终点线，是否真值得击掌鼓励？

我听到自己一直在脑海里说这些话，我知道自己现在很暴躁，然而我的大脑却停不下来。华盛顿横渡冰封的特拉华河，攻打比他精锐的军队，这才叫勇敢。宇航员乘坐宇宙飞船飞向地球和月球之间的黑暗空间，这才叫勇敢。罗莎·帕克斯（Rosa Parks）拒绝给白人让座，引发民权运动，这才叫勇敢。

或许我应该对桑德拉说："听着，你不需要通过革命成功或引发一场具有历史意义的社会运动来成为英雄或烈士，但这种利己的视频分享绝不是在你人生最后一刻会让你感到骄傲的勇敢之举。在安全得不到保障、没有奖励也看不到成功的情况下，你为了帮助与自己利益无关的事业或陌生人而面临不确定因素和真正的风险，为他们做了真正有价值的事情，这种才是会让你在人生最后一刻感到骄傲的勇敢之举。"

没错，这才是我们明天要谈论的勇气，我一边想一边回到床上睡觉。

第二天，在开车去咖啡馆见桑德拉的路上，我花了更多时间思考桑德拉对勇气的看法。我指导桑德拉很长时间了，所以我知道她必须改变对勇气的看法。对比，我深信不疑。

桑德拉坐在咖啡馆角落里的一个卡座上，她戴着墨镜，不想被店里的其他客人认出来。

我坐下来，深吸一口气，试图缓解对这次谈话的紧张期待。我提醒自己，好的教练要做到开门见山。我知道自己在这一点上做得还不是很好，但是我在努力。

"桑迪，你怎么样了？"

"视频播放量已经达到 130 万了。大多数人很讨厌这个视频。"她沮丧地说。

"你觉得这个视频怎么样？"

"我很骄傲。发这样一个视频让我吓得要死。很显然，我当时希望会有个好结果。"

我正想先回应这个"吓得要死"的评论，然后引出我已经想好的那一段话，告诉她什么是真正的勇气时，服务生走了过来。我点了茶，桑德拉又点了一杯咖啡。

"你想吃点儿什么东西吗？"她问我，"我们可能会在这里待很久。我太需要你的帮助了。"

我本来没想和她聊太久。这个视频太愚蠢了，我心想。我们沉默不语。

但我已经等不及了，于是对她说："桑迪，你为什么会害怕？我觉得这和视频没什么关系，就让人们看好了。或许再过几周，你可以发布一个内容更详细的视频，然后这件事就过去了。你知道，这种事就是这样。"

我看到一滴眼泪从墨镜后滑落。"桑迪？你没事吧？"我问她。

"布伦登，这和视频无关。太恐怖了。我以为我做了一件勇敢的事。我是在寻求帮助，但我这么做真是太愚蠢了。"她开始哭泣，我身体前倾，握住她的手。

我说："你还好吗？到底怎么了？发生什么事了？"

桑德拉抿了一口咖啡，随手摘下墨镜。她眼眶乌青。

"哦，我的天哪，桑迪！"我倒吸了一口冷气，"这是怎么回事？"

桑德拉抽泣了一会儿，然后告诉我："是我丈夫打的。我早该告诉你了。我一直都被他……他家暴我已经很长时间了。我总是非常害怕。昨天我已经决定不再忍受了，所以就发了那个视频。我觉得那是我要迈出的第一步……"她的话到最后变成了哭声。

我十分后悔。我做了非常愚蠢的猜想。现在我知道真实情况了，于是我立刻开始反驳自己。有时候，无论你怎么想，每个人在迈出第一步的时候都称得上勇敢。

"他看了视频之后暴跳如雷。我当初应该把一切想清楚再发视频。我就是觉得自己应该做点什么，你明白吗？"

我和桑德拉在咖啡馆坐了三个小时，我帮她计划该如何逃离丈夫，以后住在哪儿，未来该怎么办。那天，她没回家。桑德拉的朋友去她家收拾了她的东西。她离开了她的丈夫，再也没回头。桑德拉跨过了她自己的特拉华河[1]。她在自己的人生中发起了一场革命。她教会了我什么是勇气。

★

高效能人士是勇敢的人。数据表明，勇气和高效有很大的关系。事实上，在勇气方面得分较高的人，在 HP6 的其他方面得分也较高。也就是说，更勇敢的人往往目标更加明确，更有活力，需求更多，产能更高，影响力更大。勇气会对人生产生革命性作用，对桑德拉来说就是如此。事实上，我们的指导干预表明，显示勇气是高效能表现的一个最重要的特质。

显示勇气并不是说让你拯救世界或做多么伟大的事情。有时候，显示勇气就是在这个不可预知的世界中迈出真正改变的第一步。对桑德拉来说，第一步是发布视频——这虽然只是小小的一步，却是她讲述自己遭遇的起点，她因此获得了采取更大行动的自信，最终重获

---

[1] 在北美独立战争中，华盛顿率军渡过特拉华河，对英军进行了出其不意的反击。此役增强了北美民众的信心，成为独立战争中的转折点之一。——编者注

自由。这虽然只是一个视频，但也是第一束勇气之光。

为了在研究中对勇气进行分析，我们请参与者对下列说法表态：

- 即使很艰难，我也会捍卫自己。
- 遇到挑战和紧急情况的时候，我能快速应对，而不是逃避或拖延。
- 通常情况下，即使害怕，我也会采取行动。

我们也让参与者给不太积极的表述打分：

- 我认为我没有勇气表达自己真正的态度。
- 如果帮助某人会让我受到评判、嘲讽或威胁，那么我就不会行动，即使我知道我应该帮他 / 她。
- 我很少走出舒适圈。

在对数万人进行分析之后，我们得出了显而易见的结论：即使害怕，高效能人士也会采取行动，而其他人则相反。我们的采访和指导课程也体现了这一点 —— 似乎所有的高效能人士都清楚，勇气对他们来说意味着什么，他们也能举出自己展现勇气的例子。

当然，几乎所有人都能想起自己在受到他人的鼓励和帮助时做过的某件勇敢的事，但并不是所有勇敢的人都能成为高效能人士，除非他们目标明确，充满活力，有需求，产能高，影响力大。6 个高效能习惯同时发挥作用，才能创造出长期的成功。

为什么有些人比别人"拥有"更多的勇气呢？我们的研究发现，最大的差别不是年龄，也不是性别。认为自己很勇敢的人往往是这样的：

- 热爱接受挑战的人
- 认为自己坚定的人
- 认为自己自信的人
- 认为自己是高效能人士的人
- 认为自己比同事更成功的人
- 感到幸福的人

这很有道理。如果你喜欢挑战，那么当你需要站出来面对困难或阻碍的时候，你就不会退缩。如果你认为自己很自信，是行动派，那么在有需要的时候，你一定会采取行动。但为什么幸福的人更勇敢呢？我也不知道原因，于是我对 20 位高效能人士进行了结构性采访，希望能找到答案。他们告诉我的答案包括"当你感到幸福的时候，你不会太担心自己，而是会更关注他人""幸福感会让你觉得自己能做成伟大的事"和"如果你想获得幸福，就要学会自控，一旦你做到自控，你就会觉得自己能掌控不确定的环境"。虽然他们都说得很好，但是很显然，对于幸福是如何让人变得更勇敢这件事，人们没有定论。

这反映了关于勇气的一个事实：无论从哪个角度看，你都很难解释勇气。事实上，很多人很难定义勇气是什么，更别说把它看成一个习惯了。或许比起我们研究的其他个体特征，多数人认为勇气不是人人都有的美德。但这种看法并不准确。每个人都能学会拥有勇气，因此勇气更像是一项技能。一旦你理解了勇气，不断显示勇气，一切都会发生改变。

勇气的基本要素

勇气可以抵抗和控制恐惧，但无法消除恐惧。

——美国作家马克·吐温（Mark Twain）

心理学家认同马克·吐温的名言：勇气不是无所畏惧，而是即使害怕也会采取行动，坚持下去。但在很多领域，勇气会让人感到无所畏惧。举个例子，心理学家发现，大多数学习跳伞的人第一次从飞机上跳下的时候都感到很害怕。第一次跳伞需要勇气，但次数多了之后，他们就会变得更加自信和无畏。最终，跳伞对他们来说也会变成很平常的一件事——虽然依旧令人兴奋，但他们再也不会因此感到害怕了。研究人员发现，拆弹人员、士兵和宇航员亦是如此。他们直面恐惧的次数越多，就越无畏，压力也就越小。

我们每个人都是这样的。我们成功做成某事的次数越多，对这件事就会感到越来越习惯。因此从现在开始，比以前更加勇敢地生活对你而言至关重要。直面恐惧、表达自我、帮助他人的次数越多，你就会发现这些事变得越简单，你面对的压力也就越小。

但在你直面恐惧的时候，其他事也会悄然发生。事实证明，勇气和恐慌、懦弱一样，是会传染的。如果你的孩子看到你提心吊胆地生活，他们也能感受到你的情绪，也会变得提心吊胆。同样，你的恐惧也会传染给你的团队、员工或顾客。培养勇气有利于为社会带来更多积极力量。

不同类型的勇气

我们很难给勇气下定义或对勇气进行分类，甚至在研究人员或普通大众如何理解勇气这点上都存在很大分歧。但我们都同意的一点是，任何想要显示勇气的人都会遇到的障碍包括风险、恐惧和行动的理由。

尽管如此，了解勇气的不同类型仍非常有用，这样一来，我们便能对其进行思考。勇气中有一类是物理勇气，指的是为实现崇高目标而把自己置于危险境地 —— 比如冲到十字路口，救下一个差点被汽车撞到的人。生病时与病魔抗争应该也属于物理勇气。

道德勇气指的是捍卫他人或为了你认为正确的信念而承受痛苦，也就是能为大义献身。阻止他人欺凌陌生人；拒绝服从种族歧视的法律的要求坐在公交车的最后一排，发布视频表达你对一个有争议的话题的看法 —— 这些都是道德勇气的表现。道德勇气是通过保护价值观或原则而让大众获益的无私行为。道德勇气体现了社会责任、利他主义和"做正确的事"的态度。

心理勇气指的是通过直面或克服焦虑、不安全感和精神恐惧来坚定自己真正的立场，不从众，即使会有人反感也要展示真实的自我；或是体验个人成长，即使仅仅是个人的胜利。

日常勇气指的是保持积极态度或采取行动，哪怕遇到很大的不确定因素（如搬到新的城市）、身体欠佳或身处困境（如即使在工作中受到排挤，仍然会分享不受他人欢迎的想法或每天坚持上班）。

虽然勇气的这种分类不是最全面的，不同的勇气偶尔也会在类别上出现重合，但明确这些术语有利于把勇气概念化。

重要的是，你要明确获得更多勇气对你而言意味着什么，并以其为目标去行动。

我认为勇气是直面风险、恐惧、困境或反对意见，坚定地追求真实、崇高或能提升生活质量的目标。"崇高"和"提升生活质量"这两点对我而言很重要，因为并不是所有直面恐惧的行为都称得上勇敢。比如，自杀式炸弹袭击者或许满足上述的某些条件，他们虽然感到恐惧，但依然采取了行动，并认为自己的目标十分崇高。这样说的话，小偷也算得上勇敢，他们冒着被关进监狱甚至更大的风险去行窃。但他们勇敢吗？大多数人的答案是否定的。因为他们的行为虽然满足勇气的某些条件，但在多数社会中，他们的所作所为是有害或危险的。不要伤害他人是勇气的重要内容之一。

即使害怕被拒绝也要采取行动的行为，有时候也不算勇敢。举个例子，一个十几岁的孩子为了获得小团体的认可从高处跳下来，这一举动似乎很勇敢。这个孩子很害怕，但还是选择跳下去，只是为了得到大家的认可，这算勇敢吗？有些人认为算，另一些人会称之为从众或愚蠢。

采取大胆的行动，有时候也不算勇敢。在人们期望你做某事的时候什么都不做也是勇敢之举——这是在非暴力示威中得出的真理。不接受约架的挑战、为保护自己而退避是勇敢。拒绝加入争论的行为虽然会让人觉得你很软弱，却能维护你的正直品格，这也算勇敢。

虽然这些话听起来似乎有些装腔作势，但是勇气的定义非常重要。勇气并不只意味着战胜恐惧，可很多人却经常将两者混淆。你追求的是结果，结果十分重要。如果你出于好意的行为伤害到了某人，那么你的行为就不算勇敢之举。事实上，研究人员发现，只有当一件事情已经完成或得到了好结果，很多人才会将其视作勇敢之举。例如，如果你捍卫自己时立刻被人打断了，你之后还会有勇气吗？如果一个人跳到河里救人，结果两个人都溺水了或者需要其他人来救，这算勇敢还是鲁莽呢？或许是后者。

我们关于勇气的研究得出了一个明确的规律，高效能人士更喜欢采取行动，即使行动的后果可能很严重或充满风险与不确定性。过去 10 年，我听过很多高效能人士讲述他们的故事，所以我知道有一点是真的：

如果不行动起来，你永远不知道也永远发现不了自己能做到多么伟大的事。

我听到的几乎所有关于勇气的故事都充满意外惊喜。高效能人士会遭遇质疑，面对恐惧；他们会挺身而出，帮助他人。他们并非"拥有"勇气，也不会通过沉思来寻找勇气。行动会唤醒他们，接下来他们就知道该去向何方了。他们不会期待未来某天能有机会做某事，不会拖拖拉拉的。他们会采取行动。他们知道不采取任何行动却希望能做成某事，就像一言不发地期待他人的帮助一样不现实。

我还听过很多人改变人生轨迹的故事。人们认为辞职、逃离一段充满暴力的关系或搬到一个新的地方是勇敢之举。虽然我们通常认为前进是勇敢，但我也听过很多人选择后退一步的故事 —— 重新拾起丢弃的梦想。如果你放弃了你的梦想，内心却依然希望能实现梦想，那么只有采取行动才能抚平痛苦。什么时候做出改变都不晚。

高效能人士从来不会一直拖延和抱怨。没完没了的抱怨会让人越来越差。如果没有立刻采取行动应对抱怨，我们很快就会开始畏缩。"不要抱怨，"很多高效能人士对我说，"行动起来。"

虽然很多受访者表示勇敢之举都是瞬间做出的决定，但给我最多启发的故事 —— 或许也最好地体现了勇气作为习惯的可复制性 —— 是经过计划的勇气。人们知道自己害怕什么，所以才会做好准备。他们会进行研究，找到导师，直面恐惧。只有当我们的恐惧变为成长计划，我们才会踏上成为大师的道路。

我也可以继续分享我的个人观察，但是最终，你还是得明确勇敢的生活态度对你来说意味着什么。多数情况下，勇气的概念还是要由自己确定。所以你需要确定在人生的当前阶段你的生活态度足够勇敢，这一点至关重要。为了帮人们想清楚这个问题，我会问他们这个问题：

如果未来最好的自己 —— 比如 10 年后比你想象中更强大、更有能力、更成功的自己 —— 今天出现在你的家门口，看着你的现状，你觉得他／她会建议你立刻采取哪些勇敢的行动来改变人生？未来的自己会如何指导你当前的生活？

再读一遍这个问题，花几分钟时间思考一下。

我问过很多人这个问题，虽然我不知道你的回答，但我猜未来的你肯定不会告诉你，做个小人物就好。未来最好的你会告诉你，要在人生中努力进取。如果你想做到这一点，只做最基本的准备是不够的。你需要从一个新角度看待恐惧和阻碍。你需要接下来介绍的这三项高效练习。

练习一：崇尚拼搏

> 成功意味着在拼搏过程中投入百分之百的努力、体能、智慧和灵魂。
>
> —— 美国著名篮球运动员与教练约翰·伍登（John Wooden）

为什么很多人没有过上有勇气的生活？他们知道应该捍卫自己，

却没有这么做。他们希望直面恐惧，去冒险，却没有这么做。他们告诉你要变得更大胆，为实现宏大的梦想而努力，以伟大而崇高的方式帮助他人，自己却没有这么做。这是为什么？

这是我职业生涯早期遇到的一个最令人沮丧的问题。很多客户会谈论自己的愿景和伟大的梦想，谈论自己如何希望过上美好生活并带来改变，但他们不会为此做任何事。他们会说希望生活变得更好，但当我们开始谈论应该培养哪些新习惯来达成目标的时候，他们就会把话题岔开，说自己太忙了或很害怕。他们会给我看开研讨会时记下愿景的写字板，这时候我会问他们："既然你已经有了新的愿景板，那从周一开始你要做出的三大改变是什么？"通常，他们不知道怎么回答，也没有任何计划，他们不知道勇敢地采取行动比制作一百块愿景板强。

我知道你曾因为他人甚至是自己没有能力采取大胆行动而感到沮丧和失望。真正的问题是什么？解决办法又是什么？根据我的了解，这个问题实际上是思维方式的问题。如今的人们已经没有过去那么勇敢了，因为我们变得不愿拼搏，而正是因此，我们的性格和优势得不到充分的开发——这两点是构成勇气的重要因素。

我的意思是，我们正处于一个特殊的历史阶段，越来越多的国家和社会拥有了比以前更多的财富，但富足的背后暗藏着一个诅咒——人们越来越不愿意拼搏了。如今，任何需要你真正努力、多次试验、经历困难或耐心坚持的建议都过时了。现在是追求舒适和便捷的时代。人们一旦在婚姻、学习、工作、友情中遇到问题，通常会直接放弃。如果你在生活中一遇到困难就放弃，那你在遇到真正的恐惧和威胁时，又能坚持多久？

我们如果希望培养出勇气需要的力量，就必须更擅长应对生活中的基本挑战。我们不能再反感挑战，要把拼搏精神看作性格培养的一部分。我们必须学会崇尚拼搏。

不幸的是，人们不是很愿意去拼。例如，业内经常有人告诉我，别把建议和课程设置得那么复杂、严格，而是要让课程更具吸引力。他们说："布伦登，别让他们去行动，别给出太难的步骤，因为他们根本不会执行。说得简单一点儿，把步骤简化。确保你说的是小学六年级学生也能听懂的话。人们不想尝试，所以让他们做简单的事情就行了。"（我写这本书的时候，就有人对我说了这些话。）

这些话的前提是人们很懒惰，讨厌挑战，不愿以舒适和稳定为代价换取成长。我们经常会听到这样的假设。特别是在大众媒体时代，各式各样的"妙招"和"技巧"让人生变得非常简单，帮我们远离痛苦和压力。你只愿意重视自己的优势，因为这样一来，你的自我感觉会更好，也就能提供更好的服务，所以没必要承受直面缺点的痛苦。直面缺点会让你感到不适，这不值得。把一切都外包出去，因为学习真正的技能没有价值；通过吃药来减肥，这样你就不必改变不良的饮食模式了。

我们周围的模因、媒体和很多具有影响力的人都在告诉我们没必要拼搏，人生就该简简单单，否则我们就是走错路了。想一想这会对我们的能力产生什么影响，对我们采取勇敢行动产生什么影响？

如果我们一直告诉他人做简单的事情，他们怎么可能想去做有难度的事情？

好消息是，我认为全世界的人们都开始发现，捷径、妙招以及万能办法并不能解决所有问题。人们开始记起他们本就知道的事：如果想做到优秀，就要努力，自律，制订枯燥的日常计划，在学习过程中克服挫折，经历考验内心的逆境，最重要的是要勇敢。我希望本书中的研究能拓宽你的思路：只有当你抱有真正的目的，掌握复杂的习惯，你才能实现高效能表现。虽然这些练习是可操作的，但它们仍然需要你长期的专注、拼搏和刻苦努力。

我敢肯定，老一辈人会告诉我们，过去的人们不会逃避拼搏。他们知道自己追求的不是没有困难同时也没有激情的舒适生活。他们不会期望一路坦途。他们会告诉我们，磨难和拼搏是锻造我们性格的烈火。他们支持的理想是用双手去奋斗，努力工作，超出他人的预期，为追求梦想而坚持不懈，即使面对困难也不放弃，因为努力会让你变成一个更优秀、更有能力的人。奋斗时沉着冷静、保持尊严会让你得到他人的尊重。这会让你成为领导者。

如果这番话听起来很老生常谈，请原谅我，但是我说的都是真的。成就伟业的人都经历过奋斗。他们遇到问题时会迎难而上。他们知道这是必须去做的事情，因为他们知道，真正的挑战和困难会推动他们前进，增强他们的能力，让他们进步。他们学会了致敬拼搏。他们形成了一种思维方式，即预测拼搏，欢迎拼搏，把拼搏变为付出更多的理由。

心甘情愿地直面冲突、困难和生活中的麻烦有利于我们慢慢瓦解恐惧之墙。这种思维方式就是我工作的核心。在我的作品《动机宣言》《活力人生》（ The Charge ）或《黄金人生的入场券》（ Life's Golden Ticket ）中，你会读到对拼搏的尊重，甚至是敬畏。

我们把拼搏视作人生中必要的、重要的、积极的事情时，就能找到真正的宁静和个人能量。

当然，拒绝拼搏会导致严重后果。讨厌或害怕拼搏的人最后会没完没了地抱怨，失去动力，放弃努力。

我们最近的研究也体现了崇尚拼搏这个想法的重要性。勇敢的人会赞同"我热爱尝试征服新挑战"和"我相信即使遇到挑战和反抗，我也能实现目标"的观点，这是我们研究中最重要的发现之一。高效能人士不会恐惧学习和成长过程中遇到的挑战、失败或不可避免的困难。他们热爱尝试征服新事物，有自信即使遇到困难也能实现目标。如果你和他们谈起他们经历过的艰难时刻，那时，迫于形势压力，他们不得不走出舒适圈，好好表现，不断成长，获得成功。谈及那些时光，他们满怀敬意，而非恐惧。

一项历时几十年的心理学研究以拥有成长型思维模式的人为对象。我们的研究结果与其发现不谋而合。具备成长型思维模式的人相信自己的能力可以提高，他们热爱挑战，能直面而不是逃避困难。他们不像其他人那样害怕失败，因为他们知道自己可以学习，可以通过努力和训练成为更好的人。因此，他们充满动力、坚持自己的追求、随机应变，几乎能在人生中的各个领域获得长久的成功。

固定型思维模式的人则相信相反的观念，行动也是相反的。他们认为自己的能力、智力和性格是固定、不可改、有限的。他们认为自己不可能做出改变，也不可能成功，因此每次遇到"先天"优势和能力之外的事情时，他们就会产生恐惧。他们害怕失败，觉得自己如果失败了就会被指指点点。他们觉得一次错误或失败会显得他们能力不足。面对一件困难的事情时，他们会选择放弃，这是很严重的问题。研究表明，固定型思维者逃避挑战的可能性是成长型思维者的 5 倍。这和高效能人士与低效能人士的对比结果一致。

如果你不愿意预测或承受人生中不可避免的奋斗、失败、麻烦和困难，那你的前路就会很曲折。你如果缺乏勇气，就会觉得自己不够自信，不够快乐，不够成功。数据证实了这一点。

两类人生故事

> 永远不要把挑战看作劣势。你要知道，直面困境、克服困难的经历实际上是你最大的优势之一。明白这一点非常重要。
>
> ——美国前第一夫人米歇尔·奥巴马（Michelle Obama）

人类故事只有两类：关于拼搏的和关于发展的。没有拼搏就没有发展。一切人生起伏都让我们更具人性。人生中会有低谷，也会有高潮，所以我们能体会作为人类能体会到的一切，了解喜悦和难过、失败和成功。

这是每个人都知道的事，但在遇到困难的时候，我们就会忘记这一点。讨厌拼搏很容易，但我们不能这么做，因为长此以往，对拼搏的厌恶只会不断放大问题，让它渗透进我们生活的方方面面。我们必须接受的一点是，拼搏可能会毁了我们，也可能帮我们成长。无论多么困难，下一步做什么仍要由你来决断。我们应该因此心怀感恩。

对于人生中的挑战，我们的感恩之情可以发展成为崇敬之情。通过和高效能人士交流，我得出一个显而易见的结论，你如果想超越他人，就必须教会自己把拼搏视作发展优势、实现高效能表现的垫脚石。对高效能人士而言，拼搏必须被视作前进道路上的一部分，同时也是任何有价值的努力中的一部分。拼搏的决定能唤醒内心深处的勇气。

我现在经历的拼搏是必需的。它让我出现在场上，让我变得坚强。通过拼搏，我能为自己和所爱之人创造出更好的未来。

崇尚拼搏的过程并不是让你接纳困境，消极应对，什么都不做；不是让你保持佛系，坦然接纳生活中的一切，即使在感到不快乐的情况下也不按照自己的意愿生活。它意味着你接纳"直面困难并试着学习才能让你展现出最好的自己"这种思维方式。接受人生总会经历磨难这个事实，会让你每天醒来时能够脚踏实地地做好准备，预测困难并想好应对之策，在遭遇影响了那些不坚定的领导者的改变时保持冷静。

投入和行动是高效能人士思维模式的一部分。面对人生中不可避免的困难时该怎么办？全心全意地投入其中。即使感到压力很大，也不要逃避。你可以去散散步、关注自己的呼吸频率或思考当前的问题。你要直面问题，问自己："我下一步该做什么？"如果你还没准备好采取行动，先做个计划，研究学习，做好准备，等待迷雾揭开，需要你领导大家的时刻即将来临。

我会用两句谚语来结束这一部分。我的学生认为这两句谚语对他们很有帮助。第一句是我和美国陆军特种部队合作时听到的，他们在提醒他人意识到自己必须面对困难时常这么说——拥抱烦心事。有时候，履行职责是一件烦人的事情，训练也是，巡逻、天气和环境也是。但你不能逃避或抱怨不休。你必须解决和面对问题，告诉自己要坚持和进步。你必须拥抱烦人的事情。我最敬佩军人的一点是，他们几乎从不抱怨。抱怨不值得尊敬，也解决不了困难。这对我有很大的启发。在人生中的任何领域，如果你有机会且有幸为他人服务，一定不要抱怨自己付出了多少努力。

第二句有助于你拥抱和致敬拼搏的谚语是，你能坚持下来。他人看不到你的潜能或不赞同你的看法、你自己感到不确定或害怕都不能说明你不具备某项能力。这和多云天气并不能说明天上没有太阳是一个道理。

要相信自己能坚持下来。身处困境时，人们常说"想想那些幸福时刻"，我希望你也能依赖过往的幸福时刻。浩瀚的宇宙非常慷慨，因此你要相信很快就会有好事发生。我认为在困境中要始终保持的终极信念是：相信自己，相信未来。我在恢复大脑损伤的那段日子在索引卡上写了这样一句话，放到钱夹里：记住，你的能量超乎你想象，未来一定会有好事发生。

表现要点：

1. 我在为 ＿＿＿＿＿＿＿＿ 拼搏。

2. 我应该通过 ＿＿＿＿＿＿＿＿ 方式改变我对为这件事拼搏的看法。

3. 为这件事拼搏会给我带来的好处是 ＿＿＿＿＿＿＿＿。

4. 从今天开始，我会以 ＿＿＿＿＿＿＿＿ 方式来面对人生中不可避免的磨难。

练习二：展示真我，表达雄心

> 我认为，如果你不打断某事，不打扰某人，你就不太可能成就一件好事。
>
> —— 加拿大政治家爱德华·布莱克（Edward Blake）

在《动机宣言》一书中，我提到追求自由、表现真实自我和不受约束地追求梦想是人类的主要动机 —— 体验个人自由。我们在精神高涨时就不会受到恐惧和从众压力的影响。当我们按自己真实的想法生活 —— 表达真正的自己，说出自己真实的感受、渴望和梦想 —— 我们才是真实和自由的。这需要勇气。

当然没人想过处处受限、随波逐流的生活。但是《动机宣言》这本书出版之后，我收到上千封信件和评论，大家都告诉我实现个人自由太难了。真实、坦荡地告诉世界你是谁会招致很大的风险。人们常说自己非常想做真实的自己，但这样会招来太多评判或反对。他们担心如果他人看到了真实的自己，一切就都结束了。他们怕达不到他人的期望。

但是我告诉人们，只有在对方作为榜样激励你成长的情况下，你才需要努力在身份和能力方面达到对方的期望。如果有人相信你，看到了你的伟大之处，那么你当然应该努力达到对方的期望。

但对于那些质疑和轻视你的人，不用理会他们。不要想着去讨好他们。过好属于自己的生活。不要寻求质疑者的肯定。寻求他人肯定不会带来长久的快乐，即便你能感到快乐，也总会觉得不够。因此，展示真实的自己、追求自己的梦想才是唯一的办法。

坚持自我难免会遭到他人的批判，那就把它看作另一种拼搏。总有人会对你品头论足，正如总会有阴天一样。不要让他人的评判动摇你的信念。如果你相信自己的梦想，就坚定地去追求它。你不需要得到任何人的认可，只需要内心强烈的渴望。

在和许多高效能人士谈话之后，我必须承认我希望你能收到他人的批评并遇到挫折，这说明你走在了自己的路上，朝着更伟大的目标前进。如果最近没有人关注你，没人对你说"你以为你是谁？什么，你疯了吗？你确定那是个好主意吗"，那你可能活得不够大胆。

我以前也分享过类似的观点。有一次，一位粉丝对我说："布伦登，我不喜欢自己。因此我也不想展示出真正的自己。我对自己感到羞愧。我不想让大家认识真实的我。"当时我只能说："我的朋友，如果你为真实的自己感到羞愧，那说明你还没找到真实的自己。"

警惕自我弱化

> 只有敢往远处走的人才可能知道一个人究竟能走多远。
>
> —— 英国诗人 T. S. 艾略特（T. S. Eliot）

我没想到，《动机宣言》一书的读者害怕展示真我另有原因。许多人给我写信或留言说，他们不害怕别人说自己能力不足，他们害怕展示出自己最好的一面会让他人显得能力不足。他们害怕说出自己真正的雄心、乐趣和能力，因为这样一来，他们身边的人会觉得自己一无是处。

他们认为自己需要放低梦想，把自己宏大的想法藏在心里，不声张，低调一点，低着头——这样的话，其他人就会对他们自己感到满意。

当人们在来信或评论中表现了这类担心时，我通常会给读者发送一个用手机拍摄的视频：

> 我的朋友，千万不要自我弱化。不要因为自己有更大的目标而感到羞愧。你心里有这样的梦想一定是有原因的，你的职责就

是实现目标。不要为让身边人安心而隐瞒真实的自己。隐瞒真实的自己不是谦虚，是说谎。如果你身边的人不知道你真实的想法、感受、需求和梦想，不要怪他们。你的发展受阻是因为你没有表现出真实的自我，没有展示你的弱点，缺乏力量，而不是因为他们不理解你或没有雄心。多和他人分享自己的事情，你才能真正和他人建立联系，得到他人的支持、激励和帮助。即使他们不支持或不相信你，至少你按照自己的心意生活了，至少你把一切都说明白了，至少你实现了心中的希望，完成了使命。展示真我才能让你获得自由。我的朋友，当你展示真我的时候，你就进入了发现真我的下一个阶段。

我知道，我在这章中一直在提建议，但是这些建议都很重要。几年后，读者还在给我写信，说我的话对他们很有帮助。我希望你把这段话放在手边，这样当你再次因为担心他人感受而试图放弃自己的梦想的时候，你就能再读一遍 —— 大声点儿。

别走开，继续听我说。毫无疑问，想要获得下一阶段的勇气，你需要更开放、更诚实地面对你是谁、想要什么、擅长做什么、准备好做什么这几个问题。这条路上阻碍你的是你身体里那个为了不让他人难过而选择弱化自己的胆小鬼，但是你千万别认为自己是在谦虚。你是在隐瞒自己真正的雄心，是在替上帝、宇宙、运气或努力 —— 这几个说法任你挑 —— 赠予你的礼物道歉。这是不对的。除非你选择不再害怕，否则这种恐惧会一直阻挠你，让你感受不到真实和满足，无法发挥真实的潜能。这会导致你放低眼光，错过变得优秀的机会。为什么要这么做呢？

或许你认为，你的动机和渴望会威胁到别人。他们可能不喜欢你的雄心，可能会嘲笑你，所以你最好沉默不语。总之，你认为你最好弱化自己的雄心或事业心。

　　关于这个糟糕的想法，我听过各式各样的版本和说法，但我还是想再说一遍，希望能把这句话刻在你的脑海里：这种想法不是谦虚，是恐惧，是说谎，是压抑，是青春期才会有的担心，而且会毁掉人际关系中真正的活力和真实感。我知道，在短期内弱化自己，让他人对自己产生好印象，能让人感到开心。但是想一想下面这句话：

　　谁都不愿意和虚伪的人打交道。

　　如果你和一个人在一起五年，突然间，他们对你说："你不了解真实的我。我一直都在骗你。长期以来，我都没有告诉你我真实的梦想。因为我怕你知道，我觉得你太狭隘，理解不了我。"

　　这会让你和他们变得亲近吗？你会因此感到难过吗？你会如何回应？

　　你可能会大吃一惊，觉得很伤心。既然如此，你为什么要对他人隐瞒自己？

　　如果你为了"适应"群体或让他人感觉更好而隐瞒了自己真实的想法或梦想，那么你不能怪罪他们或任何人，因为是你把自己束缚住了。你这样做是在毁掉你的人际关系。

　　我见过很多最终害了自己的人，他们都戴着蹩脚的"谦虚"面具。"我最好不要露出锋芒，因为我周围那些狭隘的人类承受不了我的光辉"这句话根本一点儿都不谦虚。

　　我指导过很多人，所以知道你会有什么反应。你会想，唉，布伦登，你不了解我丈夫，不了解我的社交圈……我的文化……我的母亲……我的导师……我的粉丝……我的品牌……我的（在这里输入你的借口）……

　　现在我的任务是让你醒悟过来。

　　不经你的允许，没人能让你闭嘴。除了你，谁也不能弱化你的形象。只有你能释放自己的全部能量。

　　你永远都可以把自己不够真实、不能展示脆弱一面的原因怪罪到

"他们"头上。你也可以从今天开始捍卫自我，活出真实的自己，哪怕有人会因此讨厌你。会有人嘲笑你吗？你爱的人会质疑你、离开你吗？你的团队成员会认为你疯了，然后排挤你吗？你的邻居或粉丝会因为你想要的"超出了你应得的"而背弃你吗？哪怕所有问题的答案都是"会"，但是哪个更重要呢？是尽职尽责地满足他人的期待，还是捍卫对你来说正确的事情？最终，你必须问问自己你想要什么样的人生：充满恐惧的还是自由的？一个选择通往牢笼，另一个则通往勇气。

我对这个话题充满热情，因为我认识很多这样的人，所以我知道在某一刻，某人——我、你的一位导师或你内心的声音——会说服你，让你展示真实的自己。

你没必要听从一个你可能从没见过的作者说的这些话，但如果你一直读到了这里，或许你会再听我说一会儿。你必须当心，隐瞒真相会给你的精神和生活带来压力，而这种压力在短期之内是看不出来的。你周围的人受到蒙蔽，就会看不到你真正的美和真实的能力。更糟糕的是，你会因此错过真正了解你的人。

我经常见到这种状况。一个成功的人没能实现下一阶段的成功，因为他们选择在沉默中奋进。他们不愿分享，也不愿说出自己的成绩。他们努力做到"得体""真实"和"冷静"。他们努力让他人感到"快乐"或"舒适"。因此，他们虽然有很伟大的想法，但他们不但不去分享，还犯了最致命的错误——不去寻求帮助。如果你不寻求帮助，真正了解你的人就无法走近你。所以，如果你没有获得想要的东西，或许是因为你顾左右而言他和沉默的态度导致上天根本不知道你想要的是什么。

最近，我对一位奥运会冠军进行了培训。我问她："你什么时候获得了职业生涯中最大的收获？"她回答："当我终于说出梦想的时候。突然间，人们开始给我指明道路。他们告诉我该做什么，需要培养哪些技能，该向谁提问，职业选手会采用什么装备，最好的教练是谁。

我学到了一件事，那就是当你在房顶上大声喊出人生的梦想时，肯定会有一些白痴跑过来，向你大喊你为何做不到；但是村里的领导者也会来给你提供帮助。就这一点来说，人生还是很不错的。"

应该出现在你人生中的人会听你讲述真实的自己。他们会为你的雄心壮志喝彩，会为了解到真实的你而感到高兴，会感谢你分享自己的故事，感谢你表现出真实的自我，感谢你信任他们。相信他人，展示真我，真正的友谊和爱就会展现出它们的宝贵价值，你就像是找到了失落的宝藏。

要想找到做这件事的更多的勇气，你可以告诉自己，对曾经支持你的人来说，这是你欠他们的。保持强大，重新找到他们赋予你的力量。不要抱怨，行动起来，这是给那些一直优待你的人的一份礼物。不要批判，要欢呼起来。不要随波逐流，要活出真我。不要自私自利，要为他人服务。不要走好走的路，要为成长和完美人生而奋斗。

遇到麻烦的时候，保守本心，因为那是你借以突破自我的时刻。

以简单的方式表达

和他人建立真实的联系时，最重要的一件事是告诉他们你的渴望。你不需要他们认可或帮助你，也不需要他们和你一起思考。向他们坦白这件事和他们具体怎么做无关，关键是要让你有勇气对他人敞开心扉，就像世界一直对你敞开怀抱一样。试一试每天和他人分享你的一些想法、感受和梦想。即使没有立刻得到对方的支持也没关系，谁知道会发生什么呢？或许在某一刻，时间、幸运和命运恰好交汇，于是你脑中灵光一闪，知道下一步该做什么了——你的勇气解锁了属于你的宝藏图。

这个习惯不会在你和每个认识的人交流，并指望以此激发动力的过程中养成。你没必要和每个你爱的人坐下来聊天，告诉他们你对他们、对人生有所隐瞒的全部原因。你没必要专门拍摄一个视频来解释你的人生和哲学。你只需要每天练习如何和他人分享你的想法、目标以及感受。每天和他人分享一些你对人生的真实想法和需求。你可以说："亲爱的，你知道吗，我今天想开始做 X，我的理由是 Y。"例如：

- 我在想，我要研究一下如何写一本书，因为我觉得我想到了一个好故事。
- 我在想，我要开始每天早晨去健身房，因为我希望自己充满活力。
- 我在想，我要开始找另一份工作，因为我希望自己更有热情，并得到认可。
- 我在想，我要开始联系一下几位新教练，因为我准备好进行强度更大的练习了。

这些表述都很简单。这是个简单的方法。你想分享什么？无论什么都可以分享，然后每天勇敢地行动，把它变为现实。

表现要点：

1. 我很想做 _____，但我还没跟几个人提过。

2. 如果我要每天做真实的自己，我首先应该 _____。

3. 在我展示真我后，如果有人嘲笑我，我会 _____。

4. 我伟大的梦想是 _____，我准备把它告诉别人，并寻求帮助。

练习三：为某人而战

虽然我不知道你们的命运会如何，但我知道的是，你们中唯一会感到真正快乐的人是努力寻找并发现了为他人服务的方法的人。

——史怀哲

2006 年，我身无分文。我尝试了我鼓励你们去做的每一件事：采取行动，辞去工作，成为作家和训练师，对每个人讲述我的梦想。

很多人认为我疯了——有时候，我自己也这么觉得。我不知道如何写作，也不知道如何出版书籍。没人认识我，我也没有强大的人脉。当时的社交网络还处在起步阶段，所以那时候自我宣传是件难事。

我只是想和人们分享我从车祸中学到的东西：在人生的最后时刻，我们会问自己一些问题来评判我们这一生是否幸福。你如果知道自己要问什么问题，就能有目的地过好每一天，那么，在人生的最后一刻，你就会对自己的答案感到满意。对我来说，我要问自己的问题是："我好好生活了吗？我好好爱人了吗？我是一个有价值的人吗？"

那时候，我每天晚上熬夜自学如何做网站，如何在线营销，因为我希望能用我简单的话语触及更多的人。

因为没钱，我住在我女朋友的公寓里。我母亲把她曾经用来缝衣服的可折叠"桌子"借给我，我就在那上面写作。那间公寓特别小，所以我把床当作书橱。我所有的账单、笔记以及恐惧都堆在里面。

对我来说，那是一段艰难的日子。我现在是一名动机和高效能习惯教练，但当时的我既没有动机，也没有高效能习惯。我知道自己想做什么：写作和给他人提供培训。我把古罗马诗人贺拉斯的一句名言贴在冰箱上：压力大的时候，要勇敢无畏。然而，很多天过去了，我在写作和培训方面毫无进展。

我记得那时候我坐在一家咖啡馆里，看着其他人在电脑上打字，心里想，我就是个骗子。我只能看着别人工作，自己却一事无成。我站起身去公园散步，对自己说，我需要进入更能激发灵感的环境，散步有利于清空大脑，促进写作。虽然我在那个公园散了几个星期甚至几个月的步，但大脑还是混乱一片。我的动机没有达到梦想所需的高度。

我也没有养成实现梦想所需的习惯。我本打算设定好闹钟和心理提示，每天拿出固定的时间写作——当然，我首先要泡一杯上好的绿茶，煎一颗美味的鸡蛋，唤醒写作的最佳状态。我遵循着这个习惯，因此有时候吃的煎蛋比我写作的页数还多。不是所有的好习惯都会带来惊人的结果，特别是在关键步骤缺失的时候。

后来，一个简单的时刻改变了一切。

一天晚上，我看着女友走进卧室，安静地钻进被窝里，没有打扰我，也没有弄乱我散落在床上的账单和笔记。

看着我最爱的人躺在一堆账单下入睡，我非常难过。

我环顾那间狭小的公寓。我没为它花过一分钱，因为我没钱——那间公寓里除了我们的爱情，什么都没有。我在这里像个废物一样坐着，伤心难过，写不出东西，也没有实现梦想。那时我心想，我不希望我们过这样的日子，她值得更好的生活。

那一刻，我内心有什么东西发出"啪"的一声，打开了，理顺了。或许，我那时的表现对我当时的喜好和需求而言已经足够了。但是，如果我动力不足，改不掉坏习惯，我身边这个女人就无法过上好生活，我不能这么对她。因为当所有人都认为我疯了的时候，她依然相信我，负担我的各种吃穿用度。在我们的关系之初，也是她先表白的。

你知道吗，一旦赌上一切，你就会变得勇敢。通常，勇气不是来自自己，而是来自你想要为他人服务，去爱人，为他人而战的心愿。

要么成为一个成功的作家和培训师，无论遇到什么困难都专注地帮助他人，为这个女人而战，不成功就绝不罢休，要么……我还有什么别的选择？没有了。

　　从那时起，我决定更专注、更热烈地追求梦想。我再也不会浪费时间去散步或是分心去做其他事情了。我决定把目光放得长远，不再因为受到小事影响而变得狭隘。我决定为我的事业奋斗，放大自己的声音，从而带来更大的改变。我决定不再在意他人的评论，而是全心全意地去帮助想要在人生中变得积极、获得进步的人。我还决定和这个女人结婚。从那时起，为了让我们过上美好的生活，我一直干劲满满，全力以赴。

　　我的故事也没那么特别。在写这一章的时候，我回看了对顶尖高效能人士（在 HP6 中平均得分最高的人）的采访。我发现他们有一点和我的故事很相似。

　　我们为他人做的事情比为自己做的事情多。在为他人服务时，我们找到了勇敢的理由，也找到了专注和优秀的动力。

　　每位受访的顶尖高效能人士都告诉我，他们之所以出类拔萃，是因为有人激励了他们。他们都有自己的理由，而这个理由通常是为了某人，而不总是为了某个目标或某一群人。通常，他们是为了一个人。少数时候，他们是为了不止一个人：他们的孩子、他们的员工、他们的亲戚和社区的需求。但一个人的情况更多。

　　我讲这个故事，是因为我们如今的文化总在强调要找到人生的意义。这个意义往往是能够"改变世界"和"造福百万人"的伟大事业。很多人不停寻找，其中有些人找到了这个高尚的人生意义。这当然是一件很美好的事情。

　　总体来看，有关勇气的历史研究表明，人们做一件事是为了高尚的事业，而非为了他们自己。对高效能人士而言，这个高尚的事业恰好是为某个人或某几个人服务。

　　如果你恰好是一个年轻人，人们告诉你要找到人生的意义，这时你不需要看得太远。或许你身边的某人需要你，在帮助他们的过程中，你会发现自己的力量。如果你已经年纪不小了，当你寻找下一座要攀登的山峰时，别忘了你身边的人。

我在研究中发现了一件很明显且特别美好的事：这些高效能人士勇敢的原因无论是什么，都一定是很高尚的事情。你会对他们的理由感到钦佩，因为这些理由体现了人性的美好。他们的一些回答清楚地证实了这一点：

■ 她需要我。除了帮她，我没有其他选择。

■ 我不希望他们受苦。

■ 似乎没人在乎这件事，但我在乎。

■ 我想为他做这件事；他肯定也希望我这样做。

■ 其他人都对这个问题避而不谈，所以我就站出来了。

■ 我想留下自己的痕迹，于是我决定做出改变，去做这件事。

■ 我这样做是为了让这件事朝好的方向发展。

■ 爱可以战胜一切，所以我又开始做这件事了。

有时候，勇气的确只与你自己有关。但是我发现，这种表达方式与行为通常源于对其他人、其他事多年的关心。所以，你应该开始寻找自己关心的人或事。给予。从现在开始用心地关注某事。从现在开始支持新事物。这样一来，当你需要勇气的时候，你就会找到它。

表现要点：

　1.这周我要做这件勇敢的事：＿＿＿＿＿＿＿，因为我爱的某人需要我这样做。

　2.这周我还要做一件勇敢的事：＿＿＿＿＿＿＿，因为我相信的某事需要我这样做。

　3.这周我还要再做一件勇敢的事：＿＿＿＿＿＿＿，因为我的梦想要求我这样做。

勇于直面复杂局势

> 勇气和坚持是神奇的护身符，在它们面前，困难和阻碍都会消失不见。
>
> ——美国第 6 任总统约翰·昆西·亚当斯
> （John Quincy Adams）

正如宇宙不会变得简单，人生也一样，但你可以变得强大。你可以学会更多地表现，更好地合作，在需要决断和面对困难时更真诚、更清醒。用不了多久，你就会发现阻碍变小了，你找到了属于自己的路。因此，无论发生什么，相信自己，迈步向前。在迈出勇敢的一步之后，你就会进入下一阶段。

在勇敢地迈出许多步伐之后，再回首，你会尊敬自己。我想再重复一遍我在本章开篇的故事里分享过的一段话：

> 在安全得不到保障、没有奖励也看不到成功的情况下，你为了帮助与自己利益无关的事业或陌生人而面临不确定因素和真正的风险，为他们做了真正有价值的事情，这种才是会让你在人生最后一刻感到骄傲的勇敢之举。

我知道这话的正确性，是因为我曾濒临死亡——两次。我知道这话的正确性，是因为我去过临终安养院，和快去世的人坐在一起，听他们诉说。我听他们追忆过去，后悔没有做某件事。我听他们讲述什么最重要。我听他们说他们为什么而感到自尊，哪些事让他们感到骄傲，以及他们能留下怎样的影响。

我因此了解到：对多数人来说，人们很少做出勇敢的事情。但我们会记住那些勇敢之举，这些举动和每一件小事一样，会改变我们对自己和人生的看法。因此，我想让你多思考下面几个问题，让大脑做好准备，做出更多勇敢的事。只有从现在开始训练自己，我们才能在有需要的时候优雅地、勇敢地为他人服务。

- 在生活中，我逃避了哪些事？这些事可能比较难做，但是会从此改善我家人的生活。
- 我在工作中能做哪些有用的事？虽然我可能会因此受到孤立，但是能改善状况、帮助他人。
- 我能做什么决定来展示更高的道德水准？
- 我该如何面对一个会令我感到紧张或焦虑的情况？
- 我能做出什么改变？这些改变可能会让我感到害怕，但是对我爱的人们有益。
- 我能放弃哪件对我而言美好的事情来提高生活质量？
- 我能对亲近的人说什么？我该在什么时候对他们说出真相？怎么说？
- 谁需要我？今年接下来的时间我该为谁而战？

或许，这些问题今天就会激发一些勇敢的想法和举动。多问问自己这些问题，实践本章中介绍的习惯，然后你就会发现：远离所有嘈杂的声音，你的内心深处充满了爱和梦想，你无所畏惧。

第三部分

保持成功

高效能杀手

警惕三大陷阱

布鲁图，这错误并非天意注定，而是我们自己一手造成的。

——《恺撒大帝》(*Julius Caesar*)，

威廉·莎士比亚 (William Shakespeare)

- 优越感

- 不满足感

- 忽视

"那边那个人就是讨厌的唐。"安德鲁对我说。

我的目光穿过酒吧，看向安德鲁说的那位衣着得体的高管。"你为什么这么说他？"

安德鲁皱了皱眉，说道："我们都这么叫他。我还没来这里的时候，他们就这么叫他了。他是销售部门的副经理。谁和他一起工作谁倒霉。人人都讨厌他。"

"但是我记得你说过，他是你们公司的明星员工？"

"没错，目前是这样的。他干得很成功，但人是个混蛋。今晚举行这个聚会就是因为他干得太好了，整个销售团队提前两个月完成了任务。我敢肯定，你明天和他谈话的时候，他一定会高兴地告诉你他有多厉害。"

听安德鲁这么说，我感到很吃惊。安德鲁是一家制造公司的首席财务官，他为人可靠、坚定、讨人喜欢。他还在另一家公司工作的时候，我就指导了他好几年，我从没听过他像这样说别人坏话。他才在新公司工作了6个月，所以我很难想象有人能这么快就惹恼他。

这里面肯定有问题。我看到唐身边围着一圈同事，他们看起来很开心。"我不明白。"我对安德鲁说，"如果真像你说的，他是个彻头彻尾的混蛋，那他为什么会一直成功呢？难道人们就不会不再支持他，那时候他不就完蛋了吗？"

安德鲁喝了一口威士忌，大笑道："哦，他们已经不支持他了。只不过他还不知道。"

第二天早晨，安德鲁带我进入公司总部。虽然安德鲁现在的工资是上一份工作的两倍，但当我们进入公司的时候，我察觉到他在这里并不快乐。"你今天就会知道答案。"安德鲁对我说。

我们走进会议室，唐正在检查 PPT。今天，唐要主持季度销售会议，他要定好基调和路线，确定公司的目标。他销售团队中的 144 名成员都在场。公司的管理层 —— 首席执行官、首席技术官和首席营销官 —— 也在场。安德鲁介绍了我来给他们提供培训，培训刚开始几周，他们所有人就让我来指导唐。他们安排我在唐做完展示之后和他碰面，看看我能不能给他点建议。

唐做了一场 90 分钟的展示，大多数人都会认为这是一场非常优秀的展示。他的战略性和组织性很强，非常健谈。他身体前倾，气场很强大，让人想和他走上战场，并肩作战。

展示结束后，我私下与唐碰面。我问他："你觉得你的演讲怎么样？"

"我觉得我讲得特别好。但你永远不会对自己的演讲感到满意，知道吗？你事后总能想到漏了什么。"

"没错，我懂。你觉得观众接受得怎么样？"

"我讲的大多数内容他们可能都不太明白，但这不过是一次会议而已。我的工作是当他们的领导者，推动他们去做出成果。这需要很多后续步骤。你知道这是怎么回事。"

"我非常明白，"我说，"你觉得他们都不太明白？"

"嘿，哥们儿，你知道的。在高处很孤独，所以你只希望自己能把想法说明白。"

"在高处很孤独？"

"你知道我说的是什么意思。不是每个人都能理解我们，你知道吗？最优秀的人或许能懂。你指导过那么多成功人士，我知道你一定明白这一点。或许你能帮我让这些人获得成功。他们就是听不懂，你知道吗？"

我什么都没说，一直在听他说。

他疑惑地看着我。"你真的知道我在说什么吧？你懂吧？"

我脑海里在做斗争，思考我们之间的关系是否好到我可以对他说真话。他不知道他的态度以及那句"在高处很孤独"都是注定失败的预兆，这种情况我见过很多了。

"嘿，哥们儿，你可以告诉我你的想法。你痛快点儿说。我今天可没多少时间。我保证，你说什么我都能接受。"他大笑着说，"我保证，无论你说什么，我都不会难过。"

"那好吧。我觉得你最多需要 6 个月，就会毁掉自己的事业。"

★

这章里，我们要谈一谈失败，但我指的不是所有的失败，而是成功的高效能人士才会经历的惨烈失败。因为当他们非常成功的时候，他们就会忘了自己成功的原因。

事实上，这章的内容会告诉高效能人士，哪些是"不能做的事"。本章会谈到像唐这样的高效能人士的态度变化 —— 他们开始认为自己与他人不同，比他人更厉害、更有能力、更重要 —— 以及这种态度对表现（以及职业）造成的影响。本章会谈到永远不满足、忙碌工作带来的问题会如何消耗热情，并导致过度承诺。本章会谈到各类警示 —— 导致高效能人士失败的思维、感受和行为。

很久之前，在还没见过唐的时候，我对高效能人士进行过调查，询问他们导致成功表现中断的原因是什么。我调查了得分位列前 15% 的 500 位高效能人士，从中寻找线索。我想知道他们觉得自己的成功维持了多久，是否遭遇过惨烈的失败，是否觉得自己能再次获得成功。我问他们开放式问题，例如，"你第一次获得阶段性成功 —— 假如维持了 3～5 年 —— 然后突然失败，是在什么时候？"我问了许多问题，想知道他们失败的理由，消沉了多久，花了多长时间东山再起以及触底反弹的原因。

他们的故事和我在指导各行各业的高效能人士期间听到的故事惊人的相似。我收集了 500 份调查和故事，然后又采访了 20 个人，以得到更多信息。我把所有的发现和我过去 10 年做高效能教练的经历进行比较，发现了明显的规律：

1. 高效能人士的失败通常可被归咎于三大元凶（没能实践书中介绍的方法除外）。

2. 高效能人士东山再起，是因为他们利用了书中介绍的这些习惯策略。

3. 高效能人士谈起自己大起大落的经历时都明确表示永远不想再犯同样的错误了。失败太令人痛苦。当你在旅程刚开始时就遭遇失败，你会感到沮丧、挫败。但你如果在成功多年后惨败，感受只会更糟。

导致高效能人士失败的三大元凶究竟是什么？我们先来看看哪些情况不会导致失败：

■ 恐惧不是问题。要想成为高效能人士，你要学会适应让你感到不适的情况。在我的调查中，没有人是因为恐惧、担忧或阻碍而失败的。

■ 能力不是问题。如果想获得成功，你首先要擅长你的工作。没人对我说："天哪，布伦登，我能力不足，没法保持成功。"

■ 他人不是问题。500 位受访者中，只有 7 个人把自己的失败归咎于他人，但这 7 个人最终也承认失败是自己的原因。高效能人士，特别是东山再起的高效能人士，能对自己的人生负责。

■ 创造力不是问题。我预设高效能人士会把自己的失败归咎于没有好点子。但我从没遇到这样说的人。

■ 动机不是问题。在动机方面，高效能人士想要重获成功的动机其实是非常强烈的。可以说，他们有强烈的表现需求。

■ 资源不是问题。500 位受访者中，只有 38 人认为自己失败是因为缺乏金钱或没有得到足够的支持。我和这 38 个人当中的 14 个聊了天，很显然，缺钱或缺少支持是他们准备好的借口。但在这个借口背后，他们接受了更冰冷、更残酷的事实：他们把事情搞砸了。

把上述问题当作失败的借口当然很合适，人们也能理解。但是我从高效能人士身上了解了一点，那就是这些问题都不是导致长期高效能表现消失的真正原因。真正的陷阱是内在的——消极的思维模式、情绪以及行为在慢慢地消磨我们的人性、热情和健康。这些陷阱是**优越感、不满足感以及忽视**。

如果你想要保持高效，你需要保持高效能习惯，绕开这三个陷阱。

陷阱 1：优越感

> 世上有两类骄傲，一类是好的，一类是不好的。"好的骄傲"代表着我们的尊严和自尊。"不好的骄傲"则是罪恶的优越感，是傲慢自大。
>
> ——美国领导学专家约翰·麦克斯韦尔（John Maxwell）

高效能人士会遇到一些特殊的性格陷阱，因为就其定义而言，高效能人士比他们身边的很多人都优秀。当你比其他人都优秀的时候，你就很容易飘飘然。你会开始觉得自己很特别，和他人不一样，比其他人优秀或者重要。在我和唐的谈话中，这一点很明显，他周围的人也看得出来。你绝对不能有这种想法。

当然，你可能永远都不会对自己说："有一天，我希望我会觉得自己比其他人都优秀。"没有人想成为自大狂、自恋主义者、吹牛大王或自诩的精英分子。这种反感不假，因为你可能已经遇到过认为自己比你或其他人优越的人，或许你现在就能想出 5 个这样的人，而且我敢肯定，你对他们没什么好印象。一个心智正常的人不会认为优越感是一件好事。

但我不会在这里谈论"那些人"。我在这里要提醒你，当你越来越成功的时候，你可能也会很快犯下同样的致命错误。事实上，我要指出，你和大家一样，已经在为自己某些带有优越感的小念头和小举动感到愧疚了。虽然你可能不是个非常自负的人，但是优越感有 100 种不同的类型和等级。你最近是否觉得某些同事是白痴，你的想法总比他们的好？是的，这就是优越感。你是否不让团队帮你检查你的大型展示，也不让他们查找问题或遗漏之处，因为你"自己能搞定"？这也是优越感。开车的时候，如果有人插到你前面，你就会加大油门，赶超插队的司机，然后再插到他们的车前，只是为了让他们知道谁更厉害？这也是优越感。你是否没完没了地向伴侣强调你的观点是对的，即使他 / 她明确表示了自己的立场也不为所动？这也是优越感。你是否不再检查自己的工作，因为你觉得你一直做得很好？这也是优越感。你是否通过贬低他人来让自己显得更优秀？这也是优越感。你是否轻视他人的想法，因为他们投入的时间没有你多？你是否觉得上述内容听起来很耳熟？

看到了吗？优越感也许每次只会让我们偏离轨道零点几厘米，但我们彻底被优越感控制之后，就会表现得像个混蛋。我们不再询问他人的意见，也不再寻求他人的帮助，因为我们认为自己永远是对的。我们意识不到他人的贡献和力量。最后，我们就会独自行动，毁掉让成功充满乐趣和价值的社交联系和同伴之情。我们会解雇员工，用高高在上的口气与人交流。通常，我们会落入陷阱，倾向于肯定我们想当然的一切——把自己看到的内容当作对信念的肯定，忽视或轻视反对意见。我们迷失在优越感里，最终被它摧毁我们的人际关系和个人表现。

好消息是，你可以学着发现这些想法到底是什么时候以及如何出现在你脑海中的，这样一来，你就可以避免陷入其中。这种想法出现的时间很容易发现。通常，当你认为自己和他人不同、对一切都自信满满的时候，优越感的根基就会开始在这片土壤中扎根生长。当你觉得自己已经鹤立鸡群、对一切都十分肯定的时候，你就已经陷入巨大的危险了。

以下是判断你的大脑是否受到优越感侵蚀的方法：

1. 你认为自己比任何人、任何团队都优秀。
2. 你在工作中得心应手，认为自己不需要任何反馈、指导、不同观点与支持。
3. 你认为凭借你的身份、职位或成就，你理所应当得到他人的崇拜和表扬。
4. 你觉得其他人都不理解你，因此所有的争吵和失败当然都不是你的错误，而是因为其他人没法理解你每天面对的处境或需求、职责或机会。

如果这些想法不断地出现在你的生活中，那么你已经开始脱离高效能的跑道了，即使你还没意识到这一点。这些想法有一个共同点，那就是都在渐渐离其他人而去。你觉得自己比其他人能力强大和成功得多。在你的脑海里，你是老大，其他人都不如你。

唐认为"在高处很孤独"的想法就源于疏离感。然而像唐一样的人有很多。很多人都有这种离奇的想法。人们之所以这样说，是因为他们认为他人根本不可能理解他们的生活。问题是，这种想法错得离谱，而且杀伤力很大。如果你觉得这个世界不理解你，那么——我都不想找一个委婉的说法 —— 你该停止幻想了。今天地球上有 70 多亿人口，所以事实上，这个世界上某个地方正有人在经历着和你一样的事，他们完全可以理解你的处境，也能给你提出建议。

所有的孤立都是自己强加给自己的 —— 对那些认为没人能理解他们或他们处境的人来说，这是个残酷的事实。我已经无数次善意地告诉某个人，就算在以下这些非常艰难的处境中，他们也应该放弃自找的孤立：

- 你不是第一个濒临破产的创业者。
- 你不是第一个失去孩子的父母。
- 你不是第一个遭到员工背叛的雇主。
- 你不是第一个遭遇配偶出轨的爱人。
- 你不是第一个没有实现梦想的逐梦者。
- 你不是第一个运营大型国际公司的首席执行官。
- 你不是第一个发现自己罹患癌症的人。
- 你不是第一个要应对自己或爱人的抑郁症或成瘾情况的人。

我们面对这些困难的时候，会轻易认为自己是唯一经历这些苦难的人，但这只是一种幻想。如果你表现出脆弱的一面，真实地面对他人，坦诚地说出你的想法、感受和面临的挑战，那世界上某个地方一定有人能够理解你此时的情感和处境。当然，你也可以一直告诉自己，你的伴侣不可能理解你，而且如果你永远不去尝试，你就永远会对自己的假想感到满足。

他们不理解你，是因为你一直保持沉默。

当然，你可以对自己说，你团队里的成员没人"懂你"，但事实上，是你的自大蒙蔽了双眼，让你看不到他们最终能创造出的价值。轻视他人不会让你成为一个更伟大的人；你这么做是选择了疏远他人，最终你会更容易失败。

我知道，当你身陷困境的时候，你会认为这些话很苛刻，没有考虑到你的处境。但是我还是要有礼貌地告诉你这些事，因为我见过太多优秀的人失去一切的情况，不是因为他们设定了错误的目标，而是因为自我孤立会很快让你赶走身边的人，不再向他人寻求帮助。我们要不断地提醒奋斗者，每个人都是人类大家族中的一员，人类只有两类故事，每个人都了解它们，也都能产生共鸣——或许你还记得，这两类故事是拼搏和发展。

人们能理解你的拼搏。他们能理解你的成功。他们也能理解你面临的艰难抉择，即使他们从来没做过同样的选择。你如果不相信，就是在用一个不真实的故事欺骗自己——这个故事背离了70亿有感情、会难过、有梦想的人面对的现实。

我遇到过非常优秀的高效能人士，他们位于业内金字塔的顶端——首席执行官、运动类世界冠军、在学校里最受欢迎的人、公认的聪明人——通常，我得和他们谈谈认为谁都不理解自己的观点错在哪里。我需要提醒他们，在世界上的某个地方，会有人比他们更聪明、赚得更多、服务得更好、训练得更努力、对更多人产生了积极的影响。我说这些不是为了看低这些完美的人，而是让他们认清另一个事实：你的身份、任何一件对你来说很重要的事、任何让你觉得自己和圈子里其他人不同的事对其他地方的某个厉害人物而言可能稀松平常。事实证明，这种观念很有帮助。在某个地方，有人已经摆脱了这个困境，掌握了你认为会让自己与众不同的技能。如果你能找到他们，你就找到了一个导师，一个方案，一条重回现实、找回人性的道路。

我还要介绍几点关于这种"高处不胜寒"综合征的看法，因为这种观念危害很大。

第一，我很少遇到认为自己"在高处"的高效能人士。大多数高效能人士认为自己才刚开始。

高效能人士明白他们在人生中依然是学生。无论他们的成功多么耀眼夺目，他们都认为自己不过是在通往大师的道路上前进了几步。我对得分最高的几位高效能人士进行采访时，大多数人都持这样的态度。

第二，如果你开始看不起他人的能力了，你可以用这种想法来提醒自己：你如果弱化他人的能力，就无法把自己的能力最大化。你所有的收获并不是因为你特别，而是因为你足够幸运。事实上，在和你同等水平的人当中，大家的表现差异很大程度上要归结于我们前面介绍过的习惯。任何人都能开始培养这些习惯。通过了解、训练、练习以及接触以优秀为目标的导师、教练和榜样，他们可以不断放大这些习惯。因此，我经常提醒有优越感的人：你并不比其他人优秀。你只不过是对这个话题了解得比较多，获得的信息和机会比较多，得到了较好的训练，有机会投入更多热情或多次进行刻意练习，能得到好的反馈和指导。这些不是你天生就有的。如果其他人也能获得同样的东西，他们也能达到你的水平。真的吗？（如果你的答案不是肯定的，那你需要好好审视一下你的自大。）

这不仅仅是我的看法。几乎所有关于卓越表现的研究都发现，导致人与人之间差异的关键不是内在天赋，而是对这件事的熟悉程度以及刻意练习的时长。在这个世界上，有很多拥有天赋、专业技能或稳定的优异表现的人，因此，是天赋还是后天训练更重要的争论已经不复存在。多个领域内的研究已经解构并推翻了天赋异禀的迷思。

这一点证明了一句最简单的道理：不要认为他人不如你，也不要区别看待他人。你对他人产生不满，是因为你忘了如果每个人都了解更多知识，接受培训更久，有更多机会练习，接触到以优秀为目标的导师、教练或榜样，他们几乎都能获得更高层次的成功。没有什么是不能通过训练得到提高的。这并不是说每个人都会接受训练、刻苦努力、成为第一或和你一样有毅力，而是说每个人都有能力获得成功。每个人都有在人生中获胜的可能。所以咱们诚实一点：你也有过技不如人的时刻，难道你已经忘了吗？但是你进步了。你要给他人同样的机会。当你回忆起自己也曾奋斗过，然后提醒自己他人也能获得巨大的进步时，你就会开始变得更有同情心了。这时候，你就能消除所有对优越感的情结。

但即使知道了这一点，我们还是无法战胜优越感。疏离感是优越感的幼苗。如果你希望产生优越感，那就把这些想法播种到肯定的土壤里。想象一下，如果有人对我们前文中讨论的内容全部持肯定态度，他们会变得令人多么无法忍受。

1. 他们一口咬定自己比其他人或其他团队优秀。

2. 他们一口咬定自己是业内翘楚，因此认定自己不需要反馈、指导、其他观点或支持。

3. 他们一口咬定就凭他们的身份、出身或成就，他们就应该得到他人的崇拜或表扬。

4. 他们一口咬定别人不理解他们，因此所有的争吵和失败肯定都不是他们的错。

我猜，你如果和这样的一个人一起工作，一定不会受到任何启发。这样的人不仅会疏远他人，还会因此不愿意理解或帮助他人。他们会在他人面前表现出优越感。一旦产生优越感，你会经常抱怨说："这些白痴有什么毛病？"如果有人犯了错误，你会想，真蠢！而不会先去问问他们这样做的依据，他们是否获得了足够的信息或支持。如果其他人不像你一样努力，你会想，他们为什么这么懒惰？他们有什么毛病？如果你开始觉得其他人有问题或不配活着，那你已经深陷于优越感的陷阱之中，面临毁掉人际关系和领导力的危险。

有优越感的人认为自己更优秀、更有能力、更应该得到成功。这种态度导致他们不再继续学习，不再和他人建立联系，最终不再成长。你越是坚定地相信某事，就越容易忽视新的看法和机会。一旦对某事一口咬定，你就会产生优越感。因此，我们必须警惕疏离感和对事物一口咬定的态度。

该如何解决这个问题呢？我发现第一步永远是意识到自己的优

越感。你必须保持警惕，无论出于什么原因，一旦认为自己比他人优秀，你就要克制自己的这种念头。第二步，你即使在工作方面做得不错，也必须养成让自己保持谦逊、态度开放的习惯。

谦逊是培养其他美德的基础。谦逊和对婚姻的忠诚、合作共赢的态度、对他人的同情、牢固的关系纽带、大众接受度、积极态度、希望、决断力、对不确定性的承认以及对新事物的接纳等积极方面有关。谦逊也会让我们愿意承认自己当前知识水平有限，让我们在犯错后感到愧疚。

如何保持谦逊？

你可以通过反向研究之前提到的例子，发展出更开放、更注重实践的思维模式：

1. 不要认为自己比其他人优越，认真地思考他人的想法，改善你正在进行的任务：如果你能按照我的想法提升自己，你会怎么做？经常问自己这个问题，你就会发现自己的想法有很多漏洞，任何优越感都会在现实的强光之下渐渐消融。学习使人谦逊。

2. 如果你发现自己的想法没有受到足够的挑战，或你的发展已经到头了，你需要聘请一位教练、训练师或治疗师。是的，聘请他们。有时候，你身边的同事看不到你的另一面。有时候，他们没有能力或机会帮你迎接某个具体的挑战或人生中的某个阶段。但是专业人士可以帮你发现问题，找到原因，利用有效的工具帮你成长。

3. 不要想当然地认为你就该因为身份、出身或成就得到他人的崇拜或表扬。提醒自己，只有关心他人才能得到信任，而不是吹嘘自己有多优越。给自己任务，让自己去问他人更多关于他们身份、出身和梦想的问题。在和他人交流之前，告诉自己："我要重新认识他们。如果这是我第一次和他们会面或交流，我该问他们什么问题才能对他们有更深入的了解？"

4. 不要认为其他人不理解你，也不要认为他们是所有争吵和失败的原因。你要控制自己的行为，考虑你应该扮演的角色。冲突过后，你要问自己："我是否歪曲了情况，好让自己显得像一个被误解的英雄？我是否编了一个故事来让自己感觉良好？我是否找了各种借口或装作受害者来保护我的自尊心？为解决当下的问题，我做了什么贡献？我对这个人或他们的情况有哪些不了解的地方？"

5. 不断提醒自己你是幸运的。事实证明，感恩和谦逊可以"相互作用"，也就是说：越感恩，越谦逊；越谦逊，越感恩。

这些建议可以帮你保持谦逊、高效和对他人的尊重。可以让你保持成功，也可以使你过上让自己感到骄傲的生活。

最后，从领导力的角度来看一看优越感吧。并不是所有没能保持成功的高效能人士都把自己的失败归罪于内在的优越感。不是所有人都会说，他们开始觉得自己与众不同或比其他人优秀了。他们的问题是，其他人开始认为他们表现得高人一等。高效能人士非常优秀，因此他们之所以慢慢疏远他人，是因为他们真的觉得自己不需要帮助。他们疏远了他人，于是人们就开始认为他们冷漠，看到他们的优越感。永远不要忘了，一旦你不和他人接近，人们就会认为你有优越感，即使那不是你真正的想法。在这方面，上述建议也可以帮助你保持真我，让人们认为你是一个愿意与下属沟通的谦逊的领导者。

表现要点：

1. 最近体现我对他人过度苛刻或轻视他人意见的事情是
_____。

2. 在那件事情上，我对自己和其他人的看法是 _____。

（**续表**）

> 3. 如果我从一个更谦逊、更感恩的角度重新思考这件事情，我可能会意识到 _____ 。
>
> 4. 如果我要提醒自己每个人都在各自的生活中应对各种困难，我们其实都很像，最好的方式是 _____ 。

陷阱 2：不满足感

> 即使只是做到一件非常小的事情，也要对自己的成功感到满足，告诉自己这样渺小的结果也不是一件小事。
>
> ——古罗马皇帝、哲学家马可·奥勒留（Marcus Aurelius）

我一个人站在黑漆漆的后台，非常焦虑。一位著名的音乐家正在舞台上演讲，他反复告诉数千名观众："永远不要感到满足！"15 分钟之内，他大概说了这句话 10 遍。他说不满足感是让他一直逐梦、不断创新、超越同行所必需的"情感燃料"。

哦，天哪，我心想，我心跳加速。我该怎么办？

我是下一个演讲者。我的第二页 PPT 马上就要被投射到巨大的显示屏上，那张幻灯片上只有两个醒目的大字：知足。

那位音乐家所说的内容和我要讲的内容完全相反！不是因为他传递的信息是错的。如果他把他自己的事业成功归功于不满足感，那我有什么好争辩的？每个人都对自己的表现有解释权，他们说什么就是什么。

但是，对我来说，问题在于他是在告诉每个人，他们应该拒绝对生活和工作感到满足，因为不满足感会带来更大的成功。我们都知道这是错的。多数高效能人士对自己、生活和工作都感到满足。还记得我在书中分享过的几个发现吗：事实上，高效能人士比大多数人幸福。他们感到满足，认为自己的工作得到了很好的回报，积极的经历比消极的多，通常，他们会在努力中感受到喜悦。

我正在思考的时候，活动的主持人开始介绍我。我没有时间更改演讲内容了。我必须做我在职业生涯中已经做过很多次的事情：打破那些有迷惑性而常见的关于表现的错误观念。

长期存在的文化氛围让我们觉得自己永远都不该对工作感到满足，因为满足感可能会导致自满。但满足感真的会消耗我们的积极性，或弱化我们对优秀的追求吗？

在对全球许多高效能人士做过调查和指导后，我发现答案是否定的。感到满足的人依然会为实现最佳表现而努力。

永远感到不满足的人，其实永远都无法获得平静。他们无法进入状态——对自己感到不满的声音阻碍了他们找到让自己感到有活力、充满效率的节奏。如果我此刻觉得不满足，那么我此刻就感觉不到和他人的联系，也不会充满感恩之心。不满足感会导致人际关系脱节，因此不满足的人不会有高效能人士始终保持的联系感和喜悦感。因为不满足，他们会受到消极事物的困扰，导致他们忽视真正有意义的事，不再表扬或赞美他人。在意消极事物会让人不再怀有能让生活充满魔力的感恩之心，也会让人失去领导力。这些一切都不够好、问题永远都无法解决的心态会让人们很快放弃面对眼前的任务，进入下一次恶性循环。在这种情况下，他们不会怀有真正的感恩之心，也不会记住任何成功时刻，因此他们只是空虚、忙碌的行尸走肉，希望有一天自己能做到完美。

最终，持续的不满足感铸就了黑暗、疲惫、消极的情绪牢笼，慢慢毁掉了他们的表现。长期的不满足感是迈向痛苦的第一步。

永远不满足、不快乐的心态类似于研究人员所说的"非适应性完美主义"。出于完美主义，你会给自己制定严格的标准（这通常是一件好事），但一旦出现不完美的情况，你就会严厉地对待自己（这不是一件好事）。完美主义会让你害怕犯错，从而导致高度的认知焦虑，这样一来就不可能有优秀表现。过度在意错误会导致焦虑、缺乏自信、心态被失败左右、对低级错误做出消极反应等不良后果。更重要的一点是，无论做了什么事或获得了什么成就，你永远都不会感到满足。陷入这样的循环是一件非常糟糕的事，正是因此，研究表明，这一恶性循环通常会导致抑郁。

如果不满足会严重影响表现，为什么还有那么多人认为只有不满足才能让我们获得成功？因为不满足似乎是一件自然且理所应当的事。我们很容易感到不满足，因为发现错误是我们在进化中养成的一种习惯。这种习惯常被称为"负面偏见"，正是不断勘察错误和异常的行为才让人类得以繁衍生存。当我们的远祖听到灌木丛沙沙作响，蟋蟀停止鸣叫，他们会立刻警惕起来，意识到有什么地方不对劲儿。这是一件好事。但在现代日常生活中过于警惕可不利于我们生存，而是会让我们苦不堪言。

虽然有人会说，大脑中预设的模式就是去寻找错误，但寻找错误并不是大脑唯一的出厂设置。大脑中快乐的部分和消极或恐惧的部分一样多。如果这是假的，那你如何解释世界上大多数人大多数时候是快乐的呢？我们的天性是寻找积极的情感和体验。这样做会拓宽知识面、增强我们发现新机会的能力，也能让我们进入心流状态，做出优秀的表现。我们应该鼓励并放大这一天性，它有利于人生发展，达到高效能表现。

我强烈反对"永远不要感到满足"的观念，根据的不仅仅是科学研究的结果。简单来说，这种观念没有什么实际价值，因为它的重点就是错误的。它指向了一个结论，而非一个积极的方向。如果你和一个赞同"永远不要感到满足"的人聊天，并让他们把这个信条变成一则积极的信息，他们会说"保持积极性""找到没能发挥作用的事物，对它进行提高""重视完善细节""随着自我发展，不断关注更大的目标""不断向前发展"。事实上，你在做到这些事情的同时依然可以保持快乐。追求完美和体验幸福并不冲突。

满足不等于"稳定"。满足是接受事实，并从中找到乐趣。无论一件事情是否完整或"完美"，你都能感到快乐。打个比方，在写这本书的时候，即使我在努力想把它写好，即使距离交稿只有几周时间了，即使我不确定最后结果如何，我一直都感到很满足。录制视频的时候，即使我知道如果有更多时间，再多练习几次，我会拍得更好，即使我知道无论我做什么都会有很多人不喜欢我，但我依然感到满足。为客户服务时，即使我们没能拿出一个完美的解决方案，我依然感到满足。满足感不代表我解决了所有的问题，也不代表我不在乎细节，不在乎推动和鼓励他人，让他们做得更好。我只是做了一个简单的选择：做一个满足的奋斗者，而不是一个对事事不满的坏脾气老头。工作时是吹吹口哨还是咬牙咆哮？都是你的选择。

但是有人对我说："布伦登，虽然我已经很成功了，但我还是一直感到不满足。"我该如何回复他们呢？我会直接告诉他们：你不必对前路感到消极，如果你让不满足感成为你的手段、负担和个人商标，那你很快就会表现不佳。每个人都有需要满足感和实现梦想的时刻。如果你一直感到不满足，对满足感的忽视就会成为你的弱点。

让我们诚实一些：或许从一开始，让你变得优秀的就不是不满足感。你可能一直都搞错了自己获得成功的原因。这么多年来，激励你前进的原因会不会是关注细节、充满热情或渴望激励他人成长？会不会你在无意识的情况下一直在实践某个高效能习惯？我之所以问这个问题，是因为我们经常认为是生活中那些消极情绪和经历让我们获得了成功，从而忽视了成功的真正原因。就好像有人说："我获得成功是因为我每天只睡 4 个小时。"事实并非如此，缺少睡眠不会让你获得成功——睡眠领域内 50 年的研究证明，缺少睡眠不会提高认知水平，反而会导致认知能力受损。虽然睡眠不足，但你还是成功了，这是因为其他积极的方面弥补了这方面的缺失。同理，我认为不满足感不是助你前进的优势。

我知道，如果你认为自己曾因不满足而获得成功，那无论我做什么都无法说服你这不是不满足的功劳。但我或许可以让你思考一下，如果你偶尔让自己更享受当下，拍拍你自己的后背以示安慰，与团队成员击掌，肯定大家的努力，承认自己状态很好，事情发展很顺利，或许会感觉不错。如果你能享受当下，对自己做的事情感到满意，你就会更容易进入心流状态，发挥出更大的潜能，你身边的人也会越来越喜爱、感谢和称赞你。过不了多久，真正的人际纽带和愉悦就会代替不满足感，这时你就会进入一个全新的阶段，做出更好的表现，能体会到做喜欢的事时的愉悦，而不是对一切都不满足的人在几乎所有领域都会表现得更好。这种愉悦并不是自我放纵，它对培养创造性、保持身体健康、自我疗愈和维持幸福感至关重要。心流和愉悦有助于你迈向成功。因此，不要感到烦恼。感觉良好不会让你失去热情。

如果你是一位领导者，这些观点对你来说就更重要了。在奋斗的同时感受到巨大的满足感不仅仅会让你的自我感觉变得良好，也会让你身边的其他人的感觉变好。谁都不想和总是对自己或他人感到不满足的人一起工作。我们发现，总是寻找错误而非庆祝微小胜利的领导者往往不懂得承认进步、表扬团队、鼓励反馈和支持他人的想法。换言之，待在他们身边会让人感到不快乐。因此我提醒高效能人士：如果你习惯对一切感到不满足，这有可能毁掉你对他人的影响力。而且你现在已经了解到，影响力对长期成功来说至关重要。

那么，你该如何避免影响表现的不满足感呢？我建议你从宏观角度来看待这个问题：人生短暂，务必好好享受生活。不要对自己的工作感到不满意，要在工作中满怀快乐和自豪感。我保证，你会感到更有活力和动力，也更满足。

如果你想象不出远离不满足感的生活是什么样的，你至少可以开始一步步进行有规划的每日或每周练习，让自己时常感恩生活中的好运。如果你对自己的表现从感到不满发展到了自我厌恶，就更要迈出这一步了。如果真是这样，是时候和自己和解了。你经历过的事情已经够多了。昨天的事情就留在昨天，今晨的阳光属于这个崭新的一天。

此时此刻，你可以深吸一口气，过了这么久，你终于可以爱自己、感谢自己了。

下列几点会对你有帮助：

- 在每天结束时写日记。写下当天三件进展顺利或比预期好的事。写下你的感恩之事或好运。这个建议虽然简单，但是非常重要，有利于帮助高效能人士保持高效：发现哪些事情进展顺利，感恩好运，享受人生旅途，记录自己的成功。
- 和家人或团队一周聚会一次，谈一谈哪些事情有用、人们对什么感到兴奋以及你的努力给其他人的生活带来了哪些改变。
- 在会议开始时，让其他人分享一件已经发生的好事。这有利于让团队成员感到快乐、骄傲和满足。

这些方法虽然都很简单，但是对你爱的人和你领导的对象来说却非常重要。

我记得那天我完成了演讲——就是我前面提到的那次演讲，那位著名音乐家肯定地告诉所有观众"永远不要感到满足"，我小心翼翼地更正了他的说法。我非常谨慎地返回后台，心想，如果他还没离开的话，一定会很失落。他的确很失落。那位音乐家在后台站着，抱着手臂。他说："我听到你的演讲了。我敢肯定你一定非常满足吧？"

我不好意思地笑了。"是的，我努力感到满足，但是我希望你不会因为我的演讲而不高兴。你提到说为了做到更好，要不断努力奋斗，我尽可能不否定你的观点。你至少对自己的演讲很满意吧？观众看起来很喜欢你的演讲。"

"不满意，"他生气地说，"我不满意，我认为我不该感到满意，你也不应该。我很谦逊，知道自己能做到更好。"

我回应道："我同意。我们还能做得更好。我见过唯一长期有效的方法是喜欢上你做的事情 —— 你就很喜欢自己做的事情。你热爱自己做的事情吧？"

"没错，我当然热爱了。"

"你对观众说，你觉得自己走在了正确的人生道路上？"

"是的。"

"好吧。那你难道不觉得很满足吗？"

他想了一会儿，对我说："我觉得我还是不太满足。"

"那你什么时候才会感到满足呢？"我问，"如果你热爱自己的工作，认为自己走在了正确的人生道路上，你什么时候才能感到满足呢？"

他放下双臂。"问得好。谁知道呢？或许快了。"

三个月后，我听说他住进了抑郁症治疗中心。

如果你的目标是保持高效，那请你一定要再次让自己感受到成功。

不要期望某天有所成就之后就会自动感到满足。要努力让自己感到满足。

表现要点：

1. 我在 _____ 方面一直对自己感到不满。

2. 在上述方面发生过的好事有 _____。

3. 下次感到不满足的时候，我会对自己说 _____，让自己看到一些好事，然后继续前进。

4. 很可能看到我对事情感到不满足，但我不希望他们发现这一点的人包括 _____。

5. 如果我想激励他人，让他们相信我们在努力和成功的同时可以享受生活，我应该改变的习惯包括 _____。

陷阱 3：忽视

> 如果你的事业发展不顺利，你需要改变现状——检查你提供的服务，特别是提供服务时的精神。
>
> ——美国经济学家罗杰·巴布森（Roger Babson）

与优越感和不满足感一样，忽视也会悄悄找上门来。你不会对自己说"我要忽视自己的健康、忽视家人、忽视团队、忽视责任、忽视真正的热情和梦想"，多数情况下，是热情和忙碌蒙蔽了你的双眼，让你意识不到什么才是重要的，直到一切都分崩离析。

通常情况下，不是你做的事情导致低效能表现，而是你没有做到的事让你不再拥有高效能表现。你如果一心一意地在生活中的某一个领域追求成功和卓越，就会忽视其他事情。过不了多久，你忽视的领域就会出状况，从而引起你的重视。在工作中非常努力，但一直忽视伴侣需求的人就会遇到这样的问题。用不了多长时间，这样的婚姻就会遇到危机，高效能人士会感到痛苦，表现也会随之下降。同理，忽视健康、子女、朋友、精神状态或财政状况也会带来同样的问题：过度关注生活中的某一领域会严重影响其他领域，引发大量消极事件，带来许多消极感受，最终影响高效能人士保持高效。

没有人会长期故意忽视生活中重要的部分。至少我采访的高效能人士不会这么做，虽然他们没有保持持续发展，但是他们并不是有意这样做的。事实上，当事情失控时，大多数高效能人士会感到惊讶。"我知道我正在做的事情太多了，"他们通常会说，"但是我一直没有意识到事情的严重性，直到……"关键就在于最后一个词：直到。我多次听到他们强调这个词，话语中充满了痛苦和悔恨。

我希望你能免受其害。好消息是，从战略角度看，避免忽视很容易。但坏消息是，避免忽视需要进行一次艰难的，通常也非常巨大的思维转变。在介绍方法之前，我会先介绍两个特点，说明高效能人士为什么会忽视对他们而言非常重要的事情。

在进行采访的过程中，我发现了一个令人激动的事实，高效能人士所说的自己忽视其他事情的原因和低效能人士的原因不同。低效能人士通常会怪罪他人或埋怨时间不够："我没有获得足够的支持，因此我什么都做不了，必须放弃某些事情"，或者"要把这些事情做完，一天的时间根本不够"。毫无疑问，我们都能把忽视其他事情归罪于上述原因。

但是高效能人士几乎不会这样做。他们在反思某段时间因为忽视某些事情而导致表现不佳的时候，通常会把大部分责任归咎于自己。他们会承担自己的责任。忽视是他们自己的缺点。我发现，他们把忽视归为两类：毫无知觉或好高骛远。

毫无知觉

在这两个理由中，毫无知觉出现的次数较少，但杀伤力很大。毫无知觉意味着你过于关注某一领域，完全注意不到其他方面不断出现的问题。刚开始，表现欠佳的高效能人士通常会解释说"我忙于工作，根本没注意到自己长胖了"，或"有一天她照常起床，然后就离开了我，我完全没想到会发生这样的事，我恨死自己了"，或"直到那时我才意识到我的团队几个月来一直都在反复找我汇报一件事，但我太忙了，根本没注意到"。

听高效能人士讲述他们因为没能察觉而忽略了问题是一件痛苦的事。他们很明确地表示，自己很后悔没有给予重要的事足够的关注。在进行事后分析的时候，人们总是能非常清晰地认识到问题所在，特别是当曾经忽视了周围一切的高效能人士陷入自我厌弃、悔不当初的情绪时。

他们之所以如此痛苦，一部分原因是他们曾经认为能帮助他们走向成功的行动——如努力工作、专注坚持——导致他们陷入了困境。研究人员指出，有时候，长期的毅力和勇气会损害身体健康，导致我们错失实现目标的其他方法，甚至忽视协作的机会。我们如果要长期应对大量工作，就可能会变成工作狂，难以平衡工作和家庭之间的关系，这会对你本人和家人的身体健康造成损害。

因此，我总是不厌其烦地提醒你，不要忽视周围的事物。你一定不想成为那个忽略了显而易见的事情的人吧？在人生中，我们会遇到许许多多警示牌，告诉我们再这样走下去就会出问题，我们要做的就是注意到这些警示牌。

阅读明确目标和发展影响力两章，有助于让你更留意周围的事物。提高产能一章中学到的内容值得你回忆和应用：

　　正确看待人生的办法是关注生活主要领域的质量或进步。每周简单回顾一下自己在人生主要领域的追求，有助于重新找到平衡，或至少能制订计划来平衡工作和生活。

　　我发现，把人生划分为10个不同领域很有帮助：健康、家庭、朋友、亲密关系（伴侣或婚姻）、任务/工作、经济状况、探险、爱好、精神和情绪。在指导客户的过程中，我经常会让他们按1~10的标准给自己的幸福感打分，同时在每周日晚分别写下自己在这10个领域中的目标。很多人从没这样做过。但是这难道不恰好说明只有对一件事进行衡量后，我们才能确定它是否"平衡"吗？

或许你还想在其他方面进行自我监控，或者追求不同的事业或目标，因此我鼓励你创造自己的分类、评分标准和思考方式。我们的目标是不断回顾，至少一周一次。我们的学员发现这个方法非常有效，不仅能避免对某一领域的忽视，而且也能使生活达到更好的平衡。

好高骛远

你获得解决毫无知觉这个问题的新方法后，要面对的下一个问题是好高骛远，搞定这个问题有点儿困难。

高效能人士效率高的一个原因是他们更加自律，能够对事情的优先级进行排序。在提高产能一章中我提到，高效能人士能辨别自己的主要兴趣领域，专注于生产 PQO。因此，他们能够迈向下一阶段，不断成长，创造价值。但是如果他们好高骛远，注意力就会分散，表现水平也会随之下降。

失败的高效能人士表示，想要获得更多是导致他们好高骛远的根本原因，不切实际地估计短期内能完成的事情导致他们进行了过多尝试，这也是好高骛远的原因之一。换言之，问题就在于他们追求的目标太多，做事的速度太快，涉猎的领域太广。

他们获得了一次清楚明了的教训：当你很优秀的时候，你就想去完成许多任务。但是切莫冲动。高效能人士不会因为自己具备能力，就为了完成更多任务而去完成更多任务。通常，要少做事——专注于几个重要领域，保护你的时间和健康，从而全心投入身边的事情中，享受自己的工作，自信地应对自己的责任。专注于你真正在乎的几件事、几个人和几项优先任务，就不会落入好高骛远的陷阱。你如果雄心太大，你的胃口就会迅速超过你的能力。因此，要提醒自己主要任务是始终把最重要的事摆在第一位，这一点非常重要。

通常，我能通过提出一个问题辨别出一个人是否快要失败了，这个问题是："你现在是否觉得自己同时做的事太多了？"

我发现，获得初步成功的人几乎总是给出肯定回答。他们能获得成功，正是因为他们对几乎所有事情来者不拒，因为他们还在测试自己的能力，探索自己的优势，努力找到正确的事情，希望能趁热打铁。他们害怕自己会错过某事，因此他们有时候会高估自己处理事情的能力。还有谁会对每件事给出肯定答案？走下坡路的高效能人士也会这么做。

在达成高效能后，你必须完成以下这种艰难的思维转变。从某种程度上看，这种转变和你正在做的事正相反，仿佛一个危险的反面举措，但是十分重要：

放慢节奏，依靠策略，经常说"不"。

我知道，告诉一个正处于上升期的人放慢节奏似乎是在剥夺他们的权力。但是为了实现自助，请再读一遍这句话。这句话是给你的一件礼物，请大声把它读出来。吃透这句话非常重要。

自然，高效能表现会助你平步青云，让你力量大增。你会开始觉得一切都顺风顺水，特别是当所有新关注和新机会激发了你的新志向，为你带来了新自由时。忙碌和奋斗让你获得了来之不易的成功，因此你便认为忙碌和奋斗会带来收获，是一切的关键，但这种想法会让你筋疲力尽。你如果继续揽下很多工作，很可能失去的比收获的多。没错，你能做到了不起的事情。没错，你希望包揽世界上所有的工作。没错，你非常厉害。但是不要因为自己优秀就做出过多承诺，否则你很快会跌下高效能的山峰。

所以，你要学会放慢节奏，耐心一些。你有很多技能，有大量时间持续发展、创造价值、不断创新。你可以审慎、耐心地在自己的主要兴趣领域不断进行自我提升。做长远计划，生活会像一出戏，而不是每天的痛苦辛劳。

虽然放慢节奏不像"别停下"或"趁热打铁"这些口号那么迷人，但当我们对曾经的高效能人士进行采访时，有四分之三的受访者都给出了这条建议。虽然当你很优秀并对自己感到自豪的时候，努力加速、完成更多工作似乎是正确的做法，但这会给你带来巨大的消极影响。

那么，"放慢节奏"到底是什么意思？首先，不要被动地活着，而要掌握自己的生活。你在不断获得成功的时候，很容易把时间花在参加采访、回复电话、回应请求上。突然间，日子就这么过去了，而你什么都没做。你觉得自己很成功，但是除了新的会议之外，什么都没发生。放慢节奏指的是花时间制定你的日程表——做你在本书中学到的事情，每个晚上、每个清晨、每周回顾日程表和待办事项。

其次，放慢节奏指的是就算一件事本质有益，只要它会耽误你的日程，就要推掉它。如果出现了一个好机会，但要做成这件事需要你几天晚上不睡觉、放弃早就计划好的战略或没时间陪伴家人，那你就不该接受它。把一天安排得太满，没时间思考或恢复体力，只会让你感到疲惫和易怒。何况，没人认为自己的顶尖表现得益于疲惫和坏情绪。

因此，我鼓励所有希望继续提高自己的高效能人士，在遇到机会的时候，首先要在脑海里拒绝，然后在接受机会之前，要先证明这个机会不会让自己过于疲惫。接受一个机会能帮你进入这个领域。接受很多任务、追求各种兴趣有助于帮你找到擅长的事情。但是，既然你已经成功了，不断地给出肯定回答就会对自己造成伤害。而拒绝的回答能帮你保持专注。

想要判断什么时候接受，什么时候拒绝，你必须提高思考的计划性。这指的是把事情剖析到核心部分，做好用几个月或几年时间完成的计划。这虽然很难，但你现在必须改变看待机会的方式，用更长远的眼光来衡量机会。你不能只考虑到这个月某项事业发展得多迅猛。你必须执行一项计划——你的五大步骤——对未来的几个月也进行规划。如果你想接受新任务，就把它放进整体计划看，如果它不能让你朝着终极目标前进，就把它推后。人生中多数真正有价值、有意义的机会就算过了 6 个月还会存在。如果你不相信这一点，那是因为你刚刚获得成功。放慢节奏，依靠策略，经常说"不"。不要对真正重要的事情毫无知觉，也不要追求不重要的事情，面对所有来之不易的成功时，都要放慢脚步。

别忘了成功的原因

> 有时候，我们只想着给予子女我们小时候没有的东西，而忘了给予他们我们小时候拥有的东西。
>
> ——美国家庭问题专家詹姆斯·杜布森（James Dobson）

最后一则提示：不要忘了让你在目前获得成功的好习惯，也不要忽视你已经了解的习惯，它们能让你迈向下一阶段。我们经常认为"忽视"指的就是忽略了自己的问题，但它也包括对一些对我们有利的条件习以为常。或许，你会发现下面这个问题很有用："到目前为止，我获得成功的五大主要原因是什么？"把这五个问题写到你的周日回顾清单里。问问自己："我是否一直在坚持做让自己获得成功的事情？"

一位高效能人士告诉我，避免忽视重要事情的最佳方法是教会别人重视那件事。打个比方，如果你告诉孩子耐心的重要性，那你就不会忽视耐心这个美德（也不会忽视你的孩子）。为了提高自己对重要之事的重视程度，你打算教会他人哪些事？

表现要点：

1. 我在 _____ 方面忽视了对我而言重要的某人或某事。

2. 如果忽视 _____ 方面，我之后会感到后悔。

3. 我现在应该重新重视 _____ 方面，重新把注意力分配到重要的事情上。

（续表）

---

4. 现在，我接受了过多工作的领域有 _____。

5. 我应该经常拒绝 _____。

6. 我现在非常想抓住的机会是 _____，但我可以把它安排到几个月之后。

7. 尽管我可以追求其他的兴趣和机会，但我现在应该专注于 _____，因为是 _____ 助我获得成功的。

8. 我提醒自己不要接受太多任务的方式是 _____。

残酷的事实

夺走你成功的罪魁祸首不是价值或智慧的缺乏，而是注意力分配中出现的问题。你觉得自己与众不同，于是不再重视反馈、不同观点和做事的新方法。如今你变得非常优秀，于是你变得只能看见错误，不断的失望消耗了你的热情。你开始认同忽视人生的某个方面能让你获得成功的想法，你说一切都"值得"，于是你不再重视生活中真正重要的事了。

这些事情其实都可以避免。

优越感、不满足感和忽视是你的敌人。如果你让它们入侵你的生活，你就输了。你要提高警惕，避免踏入这些陷阱，实践 HP6，你便能始终保持良好表现。

我们发现自己身上出现本章中提到的消极行为后，会觉得很难接受这个事实。但是，如果持续的成功对你来说很重要，我鼓励你经常翻看本章。你会因此保持谦逊、满足和专注。你和周围人就能享受到高效能人士拥有的美好生活和喜人的进步。

最重要的一件事

有能力的人，一定是相信自己有能力的。

——古罗马诗人维吉尔（Virgil）

- 发展能力
- 保持一致
- 享受联系

"你一直都这么嗨吗?"奥萝拉问道。

"什么意思?"

"你知道,就是……充满活力。快乐?"

我想了一会儿,笑了。"是的,我知道这一点会让人讨厌。为什么这么问?"

奥萝拉看了一眼场上聚集的 1.5 万人。我们正站在最高处往下看,看向舞台。我们很幸运,几个小时内,我们都要在这里演讲。

"但是,你不紧张吗?"她问,"我觉得我要吐了。我都没法好好思考了。"

一位制片助理打断了我们的谈话,要陪我们走到会场下方的休息室。去休息室的路上,奥萝拉继续说:"你看起来很放松。你怎么做到这么自信的?"

她的问题让我感到惊讶,因为我也很紧张,而且我觉得自己看起来也是一副紧张的样子。因为这是我第一次在这么多人面前演讲,也是我第一次做关于这方面的演讲。我向奥萝拉解释道:"说真的,我都不知道观众会对我的演讲作何反应。"

"那你怎么表现得这么镇定?"

"其实我一点儿也不镇定!我也很紧张,但我现在没有在想这件事。等我上台之后再担心 1.5 万名观众的反应吧。我刚才一直沉浸在我们的谈话中。"

"布伦登，你太贴心了。我很抱歉，我只是觉得自己会搞砸。"

"为什么？你在这么多人面前失败过？"

她大笑道："没有，你知道的。"

事实上，奥萝拉以前并没有在这么多人面前做过演讲。作为一名世界级的体操运动员，她经历过有数千名观众的场合，但还没做过正式的付费演讲。她之所以得到这次演讲机会，是因为她是本地的名人，最近还获得了奥运会奖牌。

我们到了休息室，奥萝拉坐在化妆椅上。她和化妆师莉莎闲聊了一会儿，然后问我："布伦登，我现在应该思考些什么？你很擅长演讲，但我不擅长。"

"你正在思考些什么？"

"我觉得我会搞砸！"

"但是，你以前没有在这么多人面前搞砸过，不是吗？"

"没错。"

"那你为什么要对自己说会搞砸？"

"我不知道。我就是感觉我会搞砸。"

"我懂，但你已经知道这是不会发生的。我换个问题问你。你到底为什么想来这儿演讲？"

"我只是想分享我的故事，或许我的故事能激励某人。"

"非常好。你了解自己的故事，对吧？你只在采访中讲过你的故事，但也讲了无数次了，对不对？"

还没等奥萝拉回答，莉莎就对我们说，她在 ESPN 听过奥萝拉的故事。

"奥萝拉，我们都听过你的故事，"我对她说，"你也知道自己的故事。你已经知道自己要说什么了，那么现在的问题是，当你走上台的时候，你希望自己是个什么样的人，如何与他人建立联系。当你以最好的状态参加体操比赛的时候，你觉得自己是个什么样的人？"

"快乐。自信。很兴奋。"

"在比赛过程中，你在感到紧张的同时，能否体会到上述情绪？"

"能。"

我微微一笑。"既然如此，那就说明你曾经做成过这件事情。你知道现在该怎么做，也知道如何做到。我觉得唯一重要的问题是你希望如何与观众建立联系……"我身体前倾，几乎带着戏谑的口吻说，"你希望自己的身份是一个紧张不安、认为自己连侧手翻都做不好的小体操运动员，还是一位刚刚在奥运会上向世界展示了自己强大能力的女性？"

我的语气让奥萝拉措手不及，但是逗笑了莉莎。

"你必须做你自己，"我说，"你不是睁大眼睛在舞台上大脑空白的小女孩。你是一名冠军。现在，坐在我面前的这位冠军希望自己今天如何与观众建立联系呢？"

"我希望表达自己对他们的爱。我想让他们知道我获得奖牌是因为他们的支持。"

"那你就好好表达对他们的爱。把它变成你的情感。把它变成你要传递的信息。你不觉得这很真实吗？"

奥萝拉起身，吻了我的脸颊。"布伦登，你说得对。我有一百磅的爱。我们去传达对他们的爱吧。"

★

在研究哪些习惯对高效能表现最重要的过程中，我们评估了 100 多项习惯。我们提问了高效能人士我们能想到的几乎所有关于他们为什么那么优秀的问题。我们也试图找出哪些因素最有利于提高 HPI 总分以及每个被证实与高效能表现相关的习惯领域的得分。到目前为止，在所有调查中，我们发现自信与高效能表现的得分关系最密切。自信是你应对挑战的秘密武器。

你已经知道自信的重要性了，因为我在前面介绍过，和参与感、快乐一样，自信也是高效能人士形容自己的情感状态时用得最多的词。他们的描述和数据相符，全世界的高效能人士都强烈同意以下表述：就算遇到挑战、遭遇拒绝，我也相信自己可以实现目标。但他们的同事并未对这一说法表现出强烈赞同。事实证明，这样的自信和整体高效能表现以及每一个单独的高效能习惯联系紧密，对提升高效能表现、培养高效能习惯有重要意义。当一个人变得更自信的时候，他们往往目标更明确，更有活力，产能更高，影响力更大，需求更多，更勇敢。

我们还发现，非常自信的人往往幸福感更高，他们热爱接受新的挑战，愿意努力改变世界。仔细考虑一下这一点。自信是非常强大的力量，能帮我们得到人生中很多想要拥有的东西。

这些发现和一项近40年的研究不谋而合，这份研究表示，自信——通常被称为自我效能——能让人表现优秀，获得幸福感。而它的作用还不仅仅是让我们超越他人并感觉良好。一项覆盖了57项跨文化研究、调查人数超过22万的元分析还表明，越有自信的人越不容易在工作中感到疲惫。在如今为过劳而担忧的世界里，也许加强自信可以成为一种解药。为什么自信可以帮你避免过劳呢？高效能人士告诉我，这是因为当你更自信的时候，你更敢拒绝不合理的工作要求，更确定自己应该重视哪些方面，这样一来，你就能提高效率，不易分心。

另一项分析了173项研究、调查人数超过33万的研究表明，自我效能与积极的健康习惯密切相关。你越相信自己能表现好，就越会去做保护健康、恢复健康、提高健康水平的事。在生活中，你可能已经体会到了这一点：在自我感觉不错的时候，你更愿意去健身。

　　所有这些发现都指向了关于人类表现的一个重大结论：提升自信对健康有益。自信能减轻你的疲惫。自信能让你感到快乐，愿意接纳新的挑战，变得更满足。因此，我认为自信最重要。

　　但这并不是说只要有自信就有高效能表现。你可能是个非常自信的人，但是如果不实践高效能习惯，也许就不会获得长期成功。我们的研究清楚地表明，要想变得卓越，你需要高度自信和高效能习惯。

　　但是提高表现的自信从哪里来呢？高效能人士会做哪些具体的事情，从而在应对人生挑战、制定更大目标的同时保持自信？

自信的三个方面

> 自信是做成大事的前提。
>
> ——英国作家塞缪尔·约翰逊（Samuel Johnson）

　　在发现自信对高效能表现至关重要后，我从2万多名受访者中挑出了30位HPI总分最高者，他们非常同意"尽管会遇到挑战和拒绝，我依然相信自己能实现目标"这一表述。我研究了大量关于自信的文献综述，我们也从调查中获得了大量数据。因此，我想听听顶尖的高效能人士到底是怎么说的。我想知道他们是否觉得自己是超人，仿佛拥有一种我们这些凡人没有的、与生俱来的、势不可当的自信。

　　或许你已经猜到了，答案是否定的。高效能人士的确比大多数人更自信，但这不是与生俱来的，不是好运也不是超人技能。我发现比起其他人，高效能人士会思考让他们变得更自信的问题，经常做让他们变得更自信的事情，回避会消耗自信的事情。几乎所有的高效能人士都表示，他们的自信来自有目的的思考和行动。接受采访的高效能人士和我训练或指导的高效能人士中，没有一个人说："我生来就非常自信，完全能够轻松面对人生至今遇到的巨大挑战和责任。"

那么，为了发展强大的自信，高效能人士是如何思考、如何做事的？又该避免什么？

我的发现可以被归为三个方面：能力（competence）、一致（congruence）和联系（connection）。因为这三方面对发展高效自信至关重要，我会像前几章一样，通过练习的方式来介绍它们。

练习一：发展能力

> 能力和自信同样重要。
>
> ——英国散文家威廉·哈兹里特（William Hazlitt）

虽然很多人认为自信就是相信自己，但能提升表现的自信指的是相信自己拥有完成某项具体任务的能力。也就是说，在一项任务中，你了解的知识和技能越多，本领越强——这些都属于能力——就会越自信，表现得也就越好。我从1997年就开始介绍这个"自信-能力循环"了，但每次和高效能人士对话时，我还是会惊讶于他们提到"自信-能力循环"的次数。

你在一个领域内能力越强，就会越有自信，更多地尝试做这件事——这样一来，你就会不断提升自己。重复和提升会让你继续学习更多内容，进而提升能力。能力越强就会越自信的这个循环会一直进行下去。你如果去健身房健身，就能看出这个循环的效果。第一次去健身房的时候，你不知道该如何使用各类举重器械和运动器械，所以你不确定是否要继续健身，甚至会感到尴尬。但是去的次数越多，你了解的就越多。用不了多长时间，你就会相信自己能使用好举重器械和运动器械，你对器械越了解，就越会督促自己去健身。在健身房里，你不是天生'自信'，而是会一步一步获得自信。自信不是固有的性格特点，而是可以通过锻炼获得的力量。

30 位顶级高效能人士都以不同的方式谈到了"自信-能力循环"。他们把自己当前阶段获得的成功归功于数年来的专注、学习、练习和技能发展。事实上，在谈到自信的时候，30 人中有 23 人首先提到了上述几点。没有人说自己的自信是与生俱来的。他们没有提到人们普遍会提到的自尊，如"我喜欢自己"或"我觉得自己很棒"。他们提到的是自己如何一路努力，获得自信，表现出色。他们认为，他们知道自己要做什么，也知道如何在这里创造价值。

让我感到惊讶的是，高效能人士认为自己有自信，首先是因为他们具备能力，其次才会提到性格特点。而我以为他们会先说自己有自信是因为自信是自己的性格特点，然后才会提到后天养成的技能。我错了。正是因此，我才会说"自信-能力循环"永远会带来惊喜。

在提高产能一章中，我介绍了如何通过逐步掌握来提高技能。接下来，我要介绍第二个特点。高效能人士有自信，不仅仅是因为他们过去在某个领域中获得了技能，还因为他们相信自己能培养出未来所需的能力。也就是说，高效能人士表示自己有自信，不是因为具备某项技能，而是因为相信自己未来也有能力把事情处理好 —— 即使他们没有任何经验。他们有自信，是因为他们相信自己具备学习一切的能力。

高效能人士是学习者，他们相信自己能掌握未来获得成功必需的技能，这样的信念和他们当前拥有的技能一样，都会让他们变得自信。

高效能人士从过去的经验中学到了很多，因此他们相信自己能再次成功。因此，很显然，高效能人士内心的声音在说："我相信自己有能力搞定一切。"下面这一点虽然反复出现，但是非常正确：让高效能人士获得自信的关键，是他们在新环境中迅速明确状况或快速培养能力的技能。换言之，培养能力是一项重要的技能。

所以我知道，提醒奥萝拉她拥有强大的能力能帮她在演讲前找到自信。她成就颇丰，而承认自己的成就能增强信心，让她能应对接下来的演讲——即使她从没做过这样的演讲。

这种观念在体育运动中非常重要。每天，在运动场或竞技场上，你都会遇到比你有经验、比你有天赋、比你成功的人。通常，你会觉得自己比不上对方，而且这种想法往往是对的。但你比不上对方并不意味着你不能参与。只有不断参与，你才能增加经验和自信，即使刚开始你是一窍不通的新手也没关系。

高效能人士确信自己能把事情解决好，此外，他们还会经常通过回味过去的成功和学习过程来增强自信，而其他人很少这么做。

高效能人士会对从自己的成功中吸取的经验进行反思。他们会鼓励自己，让成功成为精神财富的一部分，从而获得更大的力量。

这是一个非常重要的特点。低效能人士很少反思自己吸取的经验教训，即使反思，也会对自己非常严苛。即使获得成功，他们也很少会把成功融入自己的身份认同当中。他们也许做得很好，但没有因此而感觉自己变得强大了。他们根本就不会让自己感受到成功的感觉，他们不会"积蓄力量"。在和他们沟通时，你会清楚地发现他们没有意识到自己学到了很多东西，没有意识到自己走了很远，也没有意识到自己现在和未来能够实现哪些梦想。即使已经有了些许成就，他们还是会低估自己。因此，他们缺乏自信。

所以，在奋斗的同时，你要进行一项练习，回顾自己的成就和学到的新事物。这一点非常重要。不要等到新年前夕才开始思考你今年实现的伟大目标和学到的东西。我建议你每周日至少用30分钟的时间回顾一下上一周的事情。你学到了什么？哪些事情处理得不错？你做的哪些事情值得你拍拍自己的后背以示鼓励？虽然这听起来很简单，但对增强自信有深远的影响。

表现要点：

1. 我一直在努力培养的才能——知识或技能——有_____。

2. 如果我为自己学会了这些内容而表扬自己，我会开始觉得更_____。

3. 过去几年我学会了_____，但一直没有表扬过自己。

4. 我觉得自己现在有能力应对人生中的某个巨大挑战，因为我擅长学习如何做_____。

5. 从现在开始，我每周要做_____练习，让自己变得更自信。

练习二：保持一致

相信自己是成功的首要秘诀。

——拉尔夫·沃尔多·爱默生

"成为最好的自己"是人类的主要动机之一。在《活力人生》一书中，我用了整整一章来谈这个话题，我节选了一部分放在下面作为本节的开头：

保持一致的核心是我们具体如何生活，而不是我们如何想象生活。为了保持一致，你会问自己这些问题："我对自己的身份是否坦诚？""我值得信赖吗——我对自己和他人诚实？""我是否做到了自己想做的和劝说他人去做的事？""当世人质疑我的时候，我是否捍卫了自己?"我们的答案定义了我们是谁,也在很大程度上决定了我们的命运。

保持一致并非易事。自然,在不同场合下,我们会展现出不同的自己。在不同的情况下,我们的身份、性格、状态和标准完全不同。在工作中,我们可能出尽风头,而在家里可能只是一个普通的家长、配偶或子女。和好朋友在一起的时候,我们可能是有趣、兴奋、爱玩的,但在亲密关系中却害羞、保守。我们有时候可能很强势,有时候也会处于弱势。在不同情况下,我们会展现不同的模样,这很正常,同时也很健康。虽然有人会告诉你这不健康,但如果我们永远都是一副模样,人生才会非常不健康(也会很无趣)。

但为了保持一致,我们必须更有意识地了解自己是谁,想要过上什么样的生活。要有意识地定义并保持自己的身份。

这些都需要有意识的选择和努力。或许你小时候比较缺爱,于是你总觉得不会有人爱自己,认为自己永远得不到爱。现在,你已经是成年人了,可以有意识地选择去爱自己。或许你从未得到应得的关注或尊重,那么现在你应该关注和尊重自己了。或许从来没人告诉你要自信,从来没人让你觉得自己能够凭借一己之力改变或撼动世界,但是你要相信自己。这就是定义你身份的方法。

通过采访,我清楚地发现,上面最后一段体现了高效能人士应对生活的方法。他们不会等着别人来决定他们应该是什么样的人。在某一刻——通常是他们人生中的一个重要时刻——他们会取得掌控权,决定自己想成为什么样的人,开始活成自己想象中的样子。

他们会有意识地改变自己的身份,并改变自己的想法、感受和行为来配合新身份。

他们按自己想成为的样子生活的时间越久,就越会觉得自信。在采访中,我反复听到"我决定摆脱父母(或工作/以前的人际关系),

开始做我真正想做的事情""我终于开始做更适合我的工作了""我的人生有了更大的目标"这样的话。

还有一点很清楚，高效能人士认为自己不再"为做到某事而装样子"了。虽然在30位受访者中，有6位表示在生活和职业生涯初期他们确实这么做过，但所有人都表示，他们后来就再没有"假装"过了。高效能人士每天醒来时似乎就已经很清楚自己想成为什么样的人，他们随后会为达成目标而保持专注并投入精力。真实感、自豪、自我信赖以及自信都来自保持一致的行为。和奥萝拉在休息室聊天时，我提醒过她，让她意识到自己是一名冠军，这样一来，她的思想和行为就会重新和这个事实保持一致。有时候，挑战自己到底有多强大能激发我们需要的自信。

你如果能理解保持一致的力量，就能明白为什么明确目标这一习惯对培养自信至关重要。因为你如果没有定义具体的目标，就无法保持一致。没有明确的目标非但不能让你保持一致，还会让你没有自信。就是这么简单。因此我鼓励你重读明确目标那一章，记着每周填写目标明确表。每次填表时都要清楚自己想成为什么样的人，做到行为和目标保持一致，就能提升自信。

最后，我要分享一件大多数高效能人士告诉过我的事：诚实地对待自己和他人，你就会获得自信。你必须舍弃会轻易毁掉你的个性的那些看似微不足道的谎言。如果你在小事上撒谎，在大事上就会遇到大麻烦。你的心与灵魂希望你能诚实地活着。你如果打破了这份信任，就难以保持一致，还会妨碍自己好好表现。做诚实的人，说真话，你就能做到保持一致。

表现要点：

1. 我非常希望自己是一个 ＿＿＿＿＿＿＿＿ 的人。

（续表）

> 2. 为了和理想中的自己保持一致，我每周要做的三件事是 _____。
>
> 3. 为了和理想中的自己保持一致，我再也不做的三件事是 _____。

练习三：享受联系

> 你如果对他人感兴趣，两个月就能交到很多朋友。你如果希望别人对你感兴趣，两年都交不到几个朋友。
>
> ——美国人际关系大师戴尔·卡耐基（Dale Carnegie）

如你所知，高效能人士热爱影响他人。他们很享受和他人建立联系，会积极了解他人的想法、遇到的困难以及要捍卫的理念。提醒一句，这并不是说所有的高效能人士都是外向者。内向者也能成为像外向者那样的高效能人士。最近一项对900多位首席执行官进行的研究发现，顶尖的高效能人士中内向者占据超过半数。既然高效能人士中外向者和内向者几乎平分秋色，这就说明高效能表现和性格优势无关。

既然高效能表现和性格关系不大，那么高效能人士究竟为什么会对他人如此感兴趣呢？为什么他们会对他人充满好奇？他们为什么有自信和他人交谈、提问并享受这一过程？

简单来说，高效能人士了解和他人建立关系的巨大价值。他们发现通过和他人建立联系，他们能对自己和世界有更多了解。正是和他人的联系激发他们更好地保持一致、提高技能。你也知道这一点。和他人合作的次数越多，你掌握的新思维方式、新技能以及新服务方式就越丰富。高效能人士告诉我，正是因此，他们很愿意和他人建立联系。

这一点非常重要，尤其当你认为自己不是一个"擅长交际的人"时。你是否善于交际没关系，有关系的是你是否想从他人身上学到东西，是否愿意花时间去做这件事，是否真的愿意和某人接触，了解他们的想法、需求和主张。如果你能唤醒自己的好奇心，带着这样的目的和大量的人交谈，你就会变得自信。至少，高效能人士是这么说的。

高效能人士之所以自信，是因为他们有这样的想法："我知道我能和他人相处好，是因为我想了解他们，所以我会真心对他人感兴趣。"在采访中，没有人会说："我知道我能和他人相处好，因为我想让他们知道我是谁，所以我会让他们真心地对我感兴趣。"高效能人士并不想进行"电梯游说"[1]，也并不想告诉每个人他们该学习什么或如何提供服务。自信来自与人建立联系的过程，而非预测与推断。

> **表现要点：**
>
> 1. 我想更好地和人相处，主要原因是 _____ 。
>
> 2. _____ 时，我在他人面前会更有自信。
>
> 3. 为了在他人面前更有自信，从现在开始，在和他们交谈时，我会思考的是 _____ 。

一则公式与告别

你一旦开始相信自己，就知道该如何生活了。

——歌德

回顾树立自信的三个方面 —— 能力、一致和联系 —— 你或许会

---

1 指可以在乘坐电梯的 30 秒间迅速说服人的话术。——编者注

发现一个隐含的主题。推动高效能人士在这三方面发展的一个因素是好奇心。好奇心推动了知识、技能和能力的发展。好奇心推动他们进行自我反省。你需要问自己大量问题才能确定你是否做到了保持一致。好奇心让人想要了解他人。或许我们能得出一则有效的公式：

好奇心 ×（能力 + 一致 + 联系）= 自信

这则公式说明，你不必假装自己无所不能。你只需要足够细心地去学习新事物，活成自己希望中的样子，对他人产生兴趣，便会因此自我感觉良好。研究表明，好奇心本身就能提高人的健康水平。好奇心是让人生充满喜悦和活力的电弧。因此，你只需要对自己说下面这些话：

- 我知道自己该做什么，也知道该如何创造价值（或至少我相信自己有能力解决问题，我也愿意为此努力）。
- 我知道自己活成了自己想要的样子。
- 我知道我能和他人相处融洽，因为我真心对他们感兴趣，希望为他们服务。

如果你在生活中经常思考这些问题，不断重复这些事情，你就能自信地在更高阶段实现高效能表现。

我不会假装变得更自信或实现高效能有多容易。整本书中，我都在告诉你，想要成为更优秀的人，就要面对诸多挑战。但我也对你说过，舒适不是个人发展的目标，成长才是。所以你要知道，养成书中的习惯、坚持书中介绍的练习会是一件艰难的事，这一事实也要得到正视。

虽然旅途中会充满挑战，但是你现在至少有一幅地图了。你知道了实现高效能表现所需的 6 个高效能习惯，也知道了培养每个习惯都要进行怎样的练习。读完本章后，你还会知道在迈向高效能表现的路上该如何变得更加自信。你会再次对自己的表现充满好奇心，通过练习 HP6 来提升表现：

■ 明确你想成为什么样的人，如何与他人交往，什么事能给你带来意义。

■ 激发能量以保持专注，不断努力，维持健康。你如果希望一直奋斗，就必须积极主动地关心精神持久力、体能和积极情绪。

■ 提升非凡表现需求。也就是说，你要主动找到自己必须好好表现的原因。这种需求既包括内在需求（如你的身份、信念、价值观或对优异表现的期待），也包括外在需求（如社会责任、竞争、公开承诺或最后期限）。

■ 在你最感兴趣的领域提高产能。具体而言，就是在你希望名声大噪、产生影响力的领域专注生产 PQO。与此同时，你要把干扰降到最低（机会也会干扰你）。

■ 影响你周围的人。这有助于让人们更加相信并支持你的努力和雄心。你只有不断发展积极的人际关系网，才可能长期取得重大进展。

■ 即使面对恐惧、不确定因素、威胁或不断变化的环境，也要通过表达想法、采取大胆的行动、维护自己和他人来证明你的勇气。

明确目标。激发能量。提升需求。提高产能。发展影响力。显示勇气。你如果希望达到高效能并保持，便需要养成这 6 个习惯。这 6 个习惯会让你更加自信，更加优秀。

那么现在该做什么？你需要一直随身携带这 6 个习惯的检查表。在本书末尾你会看到一份总结，你也可以在 HighPerformanceHabits. com/tools 上下载单份的每日计划表。从现在开始，每次进入会议室、打电话、开始新项目以及追求新目标前，都来回顾一下这 6 个习惯。每隔 60 天重新做一遍 HPI，追踪自己的进步，明确你需要继续关注的习惯。

20 多年前，我出了一场车祸。当我浑身是血、惊恐万分地站在支离破碎的车盖上时，我意识到在人生的最后一刻，每个人都会问自己一些问题，判断自己一生是否快乐。我知道我会问自己我好好生活了吗？好好爱人了吗？是一个有价值的人吗？那时我不是非常喜欢自己的答案，于是我决定要改变人生，找到最幸福的生活方式。我很幸运，获得了重生的机会，我觉得我应该活成最好的自己，才对得起人生的第二次机会。因此，我不断学习，最终发现了这些高效能习惯。

我希望你既然选择了这本书，就要怀着类似的目的和敬意对待你的人生。我希望你每天醒来时都会去练习这些会让你为自己的人生感到骄傲的习惯。我希望你在努力过上美好生活的同时，可以带来快乐、勇于拼搏、服务他人。我希望在回顾过去时，你达到了自己想都没想到的层次，那时，你可以说你拥有梦想，你为此努力了，你让梦想变成了现实——你从未放弃，也永远不会放弃。你变得优秀，是因为你选择了优秀。

我相信，每个人都能做到这一点。

现在就去争取吧。

高效能习惯要点

你无论做什么，都要做好。

——亚伯拉罕·林肯

个人习惯

高效能习惯 1：明确目标

1. 设想未来的四大领域。拥有愿景，不断制定清晰的目标，明确以下问题：自己每天想成为什么样的人，希望自己如何与他人交流，如果要在未来获得成功必须掌握哪些技能，如何带来改变，如何提供优质的服务。在进入一个新环境前，首先要认真对以下四个领域（自我、社交、技能、服务）做出设想。

2. 明确自己需要的情绪。经常问自己："我想把怎样的情绪带到这个环境中，我希望在这个环境中感受到什么情绪?"不要等着情绪自己出现；选择并培养你希望一直能体验到的以及可以与他人分享的情绪。

3. 定义何为有意义的事。可以做到的事不一定是重要的事，因此成就并不是问题，能否保持一致才是问题。查看未来的几个月的安排和未来的项目计划，预判哪些事情会让你充满热情、获得联系感和满足感，在这些方面多花时间。一直提问："我如何能让这份努力给我自己带来意义?"

高效能习惯 2：激发能量

1. 释放压力，设定目标。利用在任务之间转换的时间来重置能量。闭上双眼，练习深呼吸，放松身体的紧张感，放空大脑。至少每隔一小时做一次这个练习。一旦消除了紧张感，你就可以为下一项任务设定目标，然后睁开双眼，充满活力地专注于下一项任务。

2. 制造快乐。对自己在每天和每个环境中创造的能量负责。要特别专注于在每项活动中制造快乐。预测行为会带来的积极结果，问自己能产生积极情绪的问题，设置提示来提醒自己保持积极和感恩，对生活中的小事和你身边的人感恩。

3. 提升健康水平。你如果想满足生活中的需求，就需要快速学习，应对压力，保持机敏，保持专注，记住重要的事情，保持乐观，那么你必须要懂得休息、锻炼，认真补充营养。和医生及其他专业人士交流，优化你的健康水平。你已经知道自己该做什么了。开始行动吧！

高效能习惯 3：提升需求

1. 明确谁需要你的最佳表现。你只有在明确必须为了自己或特定的人提高表现后才会变得优秀。从现在开始，一坐下来就问问自己："现在谁最需要我拿出最好的表现？今天，我的身份和外在义务如何推动我拿出最好的表现？"

2. 承认目标背后的原因。当你阐明一件事时，这件事就会变得更真实、更重要。时常大声对自己说出你的目标背后的原因，也要向他人介绍这个原因，这有利于你兑现自己的承诺。当你下次想要提高表现需求时，你可以明确地对自己和他人表示自己想要什么及背后的原因。

3. 升级社交圈。积极情绪和优秀表现是会传染的，因此你要花更多时间和社交圈里最积极、最成功的人相处。不断和能提供你支持的有能力者搭建理想的社交圈。问问自己："进入下一个项目时，我如何与最优秀的人一起工作？我该怎么做才能激励他人提高自己的标准？"

社会习惯

高效能习惯 4：提高产能

1. 增加重要产出。判断哪些产出对你的成功、独特性和业内贡献最重要。关注最重要的内容，拒绝其他事务，高效地产出优质的产品。牢记最重要的事是始终把最重要的事摆在第一位。

2. 确定五大步骤。问问自己："如果只能做五件主要的事情来达成目标，你要做哪五件？"把每个重要的步骤看作许多不同的活动，共同组成一个项目。把每个项目分解成一件件小事、一个个最后期限以及许多不同的任务。一旦整理好，就将其列入你的日程表，安排时间完成。

3. 重要技能做到精（逐步掌握）。确定自己在未来三年发展成目标角色所需的五大技能。接下来，专注通过逐步掌握的 10 个步骤来发展这些技能。最重要的是要不断发展有助于未来成功的关键技能。

高效能习惯 5：发展影响力

1. 教会他人如何思考。在每个你可以产生影响的领域做好准备，问自己你希望他人如何看待他们自己、其他人以及整个世界。接下来，不断和他们谈论这几点。要想改变人们的思维模式，你可以使用"以……方式来看待这个问题""你怎么看待……""如果我们试着……会怎么样"的话术。

2. 激励他人成长。观察他人的性格、人际关系以及贡献，激励他们在这些方面做出进一步的发展。询问他人他们是否做到了全力以赴，能否对身边人更加友善，能否提供更优秀且更有特色的服务。

3. 做出榜样。71% 的高效能人士表示，他们每天都在思考如何成为他人的榜样。他们希望成为家人、团队和社会的好榜样。在工作时问问自己："我该用怎样的方式来应对这一情况，从而激励他人相信自己并做到最好，同时为他人提供真诚、用心和优秀的服务？"

高效能习惯 6：显示勇气

1. 崇尚拼搏。当你有机会学习和服务时，不要抱怨为之付出的努力。把拼搏看作人生中必需、重要、积极的部分，这样你就能找到真正的平静和个人力量。不要抱怨在提升自我和追求梦想的过程中遇到的不可避免的困难。对挑战怀有敬意。

2. 展示真我，表达雄心。人类最大的动机是追求自由，展现真实的自己，不受约束地追求梦想 —— 从而体验个人自由。听从内心的想法，不断与他人分享你真实的想法、感受、需求以及梦想。不要为安慰他人而弱化自己。活出真我。

3. 为某人而战。每个人都需要一个高尚的奋斗理由。高效能人士往往会为了某个人而奋斗 —— 他们想为那个人奋斗，给予其安全感，使其有机会发展或过上更好的生活。你为他人做的事比

　　为自己做的事多。在为他人奋斗的过程中，你会找到勇敢、专注和优秀的理由。

　　这 6 个习惯和每个习惯附带的 3 项强化练习会带你迈向美好的生活。虽然本书还介绍了其他基本策略，但这 6 个元习惯是推动发展的最主要的策略。

致谢

　　这是我第六次在写完正文的最后一页后坐下来写致谢部分了。很多激励我、支持我写前五本书的人现在还在我身边，我觉得自己非常幸运。对长期成功来说，长期人际关系非常重要，或者可以说，长期人际关系是长期成功的核心。

　　如果你熟悉我的作品，你知道我首先会感谢上帝，感谢他在我遭遇车祸后给了我第二次机会。每一天，我都希望自己对得起这份幸运——我称之为人生的黄金门票——因此我会充实地活着，大胆地去爱，带来更大的改变。

　　如果没有我的父母、兄弟姐妹、导师和妻子的爱与支持，我的作品就不会问世。妈妈，谢谢你教育我们崇尚拼搏，在生活中的每时每刻制造快乐。爸爸，我们非常想念你。自从你去世之后，我每一天、每写一页文字都会想到你。大卫、布莱恩、海伦，谢谢你们鼓励我成为一个更好的人和更好的兄弟。我比你们想象中还要爱你们。琳达·巴娄，你也是我的家人，是我第一位真正意义上的导师。谢谢你教会我创造、写作、摄影，成为优秀的领导者。丹妮丝，你是我的阳光，谢谢你一直以来对我的信任，让我知道一个贴心、善良、有爱、优秀的人是什么样子的。你是我见过的最伟大的人，也是我生命中最好的礼物。还有马蒂和桑迪，谢谢你们提供的事例，也谢谢你们一直鼓励我。

　　我用了两年半时间来写作这本书，其间我经常消失不见，在此，我要感谢我伟大的"伯查德团队"，他们鼓励我，帮我节省时间，一直保持劲头，为学生提供培训，完成我们的任务。我想对我的团队说，谢谢你们的投入、优秀表现以及创造力，你们帮助我不断扩大事业，其范围远非这本书可以涵盖的。很少有人知道在这个领域为数百万学生和数千万粉丝提供培训是一件多么幸运的事，但同时也非常困难。但是你们知道，而且你们每天都做到了这件事。我感恩我们获得的成就，也对此充满敬意。

丹尼斯·麦金泰尔让我们一直走在正轨上。谢谢你非凡的信仰、信任、领导力以及友谊。你一直在我身边，我非常感谢你。梅尔·亚伯拉罕在许多重大的商业决策上对我进行指导，把我带上了舞台，让我远离恶意，成了我最亲爱的一位朋友。每个人都应该拥有这份运气，拥有像丹尼斯和梅尔一样慷慨的伙伴。我很荣幸能每天和下列团队成员一起工作，他们是：杰里米·亚伯拉罕、阿蒂姆·科尔曼、卡伦·格尔斯曼、迈克尔·亨特、亚历克斯·霍格、汉娜·霍格、米歇尔·赫杰、玛吉·柯克兰、杰西卡·利普曼、海伦·林奇、贾森·米勒、特里·鲍尔斯、特拉维斯·希尔兹、米歇尔·史密斯、丹尼·索思威克以及安东尼·特拉克斯。我还要感谢最初在我身边和我一起工作的珍妮弗·罗宾斯，她支持了我早期的职业，制定了我们至今还在努力实现的优秀标准。

还有很多优秀的人为本书的出版提供了帮助。出版一本书并进行营销需要很多人的帮助。我的经纪人斯科特·霍夫曼从一开始就很信任我。兄弟，在写这6本书的过程中，只要想到你一直在我身边，我就从未感到孤单。在这条路上能有你这样一位朋友和同伴，我感到非常荣幸。在另一家出版社没有如约出版《动机宣言》时，里德·崔西帮我在草屋出版社出版了这本书。里德，我永远都不会忘记你的慷慨，也不会忘记你让我有幸成为草屋出版社的一员。你是个人发展出版史上最重要的一位领导者，我希望你知道你对我、对世界产生的影响。佩里·克罗是我在草屋出版社的编辑，他非常耐心、友好地帮我完成了这本书。佩里，谢谢你完美的修改和认真的敦促。康斯坦丝·黑尔看了本书的第一稿，给出了最早的修改和评价，感谢她让我意识到书中的问题，于是我对其进行了修订。康妮，谢谢你。这本书的行文多亏了迈克尔·卡尔，他是我遇到的最好的编辑。迈克尔编辑过我所有的作品，这并非易事，因为每本书我都是用不同的口吻写的，而且基本没能从之前的错误中吸取教训。迈克尔，谢谢你为这本书熬了那么多夜，谢谢你把我包装成了一个好作家。

我要感谢那些对这本书的思想产生影响，帮我进行了调查、研究和分析的朋友、心理学家、专业教练和导师们。我必须再次单独感谢一遍丹尼·索思威克，谢谢你像我一样对这个话题充满热情，谢谢你帮助指导我们的几位研究人员，也谢谢你为调查熬的夜。你是我的兄弟，也是积极心理学运动中卓越的天才。我还要感谢香农·汤普森、阿莉莎·姆拉泽克和迈克·姆拉泽克，谢谢你们提供了额外的分析和文献综述。阿莉莎、迈克，感谢你们对我伸出的援手，感谢你们的可靠和热情。

运营 Growth.com 网站的团队也给予了我鼓励，以顶级的专业精神为我们指导的客户提供服务。他们教会了我许多有关组织优化的内容。迪安·格雷奇斯、伊桑·威利斯，谢谢你们领导 Growth，谢谢你们做成了如此奇妙的事。我从你们两人身上学到了无数伟大的人生经验，了解了无数商业真理。你们是我的新导师。Growth 的第一任领导者包括迪安的整个团队、戴蒙·威利斯、布赖恩·哈奇以及加里·井上，我为你们感到骄傲，同时也非常感谢你们。

我感谢全世界的高效能教练，谢谢你们对个人和职业发展指导行业的投入、付出以及领导。你们真的是世界上最好的教练，我很荣幸能和你们一起为他人服务。

我也非常感谢我的所有读者、在线课程的学生、社交网络上的粉丝以及他们友好的评论和支持。尽管最近我得到了很多关注，但我仍然觉得自己只是个人发展指导大潮中的一个小小涟漪。如果我没有读过大量关于心理学和自我成长的书籍，我不会有什么成就。我从 19 岁开始，每周至少读一本书。此外，从 28 岁开始，我每天至少写一篇文章，即使这样，我还是觉得自己是个新手。或许，我对阅读的投入是我养成的一个最好的习惯。人们经常让我推荐一些作家，所以我在此列举了一些我这个领域的大师，他们改变了我的早期思想和人生：戴尔·卡耐基、拿破仑·希尔、厄尔·奈廷格尔、奥格·曼狄诺、诺曼·卡森斯、吉姆·罗恩、约翰·伍登、韦恩·戴尔、珀丽安娜·威廉森、史蒂芬·科维、露易丝·海、马歇尔·戈德史密斯、博恩·崔西、金克拉、哈维·麦凯、彼得·德鲁克、弗朗西丝·赫塞尔宾、詹姆斯·莱德菲尔德、黛比·福特、丹·米尔曼、汤姆·彼得斯、莱斯·布朗、理查德·卡尔森、杰克·坎菲尔德、罗宾·夏尔马、托尼·罗宾斯、丹尼尔·阿门以及保罗·科埃略。下面这几位是伟大的思想家和心理学家，他们的作品激励我对这方面进行了更深入的研究：亚伯拉罕·马斯洛、卡尔·罗杰斯、艾尔弗雷德·阿德勒、艾瑞克·弗洛姆、纳撒尼尔·布兰登、阿尔伯特·班杜拉、理查德·戴维森、罗伊·鲍迈斯特、芭芭拉·弗雷德里克森、爱德华·德西、理查德·瑞安、米哈里·契克森米哈赖、马丁·塞利格曼、丹尼尔·戈尔曼、约翰·戈特曼、卡罗尔·德韦克、迈克尔·莫山尼奇、安吉拉·达克沃思以及安德斯·埃里克森。我只是一位培训师，如果你真的想了解人类，阅读最优秀的学术著作，你应该看一看这些大师的作品。

　　如果你是通过网上的视频了解这本书的，那是因为我效仿了杰夫·沃克、弗兰克·科恩以及其他许多伟大的在线培训师和营销者。我感谢所有告诉我要分享自己想法的人，以及帮我宣传作品和任务的人。谁能想到如今通过网络和社交媒体营销的方式会如此流行？我感谢业内的朋友们和合伙人，谢谢你们提供的案例，谢谢你们的友情和领导力，我要特别感谢乔·波利士、托尼·罗宾斯、罗宾·夏尔马、彼得·迪亚曼迪斯、丹尼尔·阿门、查琳·约翰逊、尼克·奥特纳、玛丽·福里奥、吉吉·维吉尔、加比·伯恩斯坦、马特·博格斯、玛丽·莫里西、珍妮特·阿特伍德、克里斯·阿特伍德、杰克·坎菲尔德、博恩·崔西、哈维·麦凯、刘易斯·豪斯、克里斯·卡尔、托尼·霍顿、拉里·金、肖娜·金、阿里亚娜·赫芬顿、斯图尔特·约翰逊以及奥普拉·温弗瑞。

我感谢全球的学员，谢谢你们给我指导你们的机会，也谢谢你们教会了我很多事情。

我感谢亲爱的瑞安、贾森、史蒂芬、杰西、戴夫、尼克、斯蒂芬以及所有疯狂的朋友，还有来自蒙大拿州的格雷兹李斯。我爱你们，也很想念你们。谢谢你们在所有人都不相信我的时候依然相信我这个瘦弱又吵闹的孩子。

最后，致我所有的朋友、同事、学员和粉丝，我写这本书——历时最久的一个项目——时可能忽视了你们。我希望你们看到这本书后能理解我在写作过程中对你们的忽视。但在写书的时候，每过一天，每写一页，我都在心里惦记着你们。

图书在版编目（CIP）数据

做什么都能做好 / (加) 布兰登·伯查德著; 崔楠
译. -- 北京：九州出版社，2021.11
　　ISBN 978-7-5225-0481-0

　　Ⅰ.①做… Ⅱ.①布… ②崔… Ⅲ.①成功心理—通
俗读物 Ⅳ.①B848.4-49

中国版本图书馆CIP数据核字(2021)第182161号

Copyright © 2017 by High Performance Research LLC.
Published by arrangement with Folio Literary Management, LLC and The Grayhawk
Agency Ltd.

著作权合同登记号：图字01-2020-5011

做什么都能做好

作　　者	［加］布兰登·伯查德 著 崔 楠 译	
责任编辑	李 品 周 春	
出版发行	九州出版社	
地　　址	北京市西城区阜外大街甲35号（100037）	
发行电话	（010）68992190/3/5/6	
网　　址	www.jiuzhoupress.com	
电子信箱	jiuzhou@jiuzhoupress.com	
印　　刷	北京天宇万达印刷有限公司	
开　　本	690毫米×960毫米　　16开	
印　　张	19.5	
字　　数	253千字	
版　　次	2021年 11月第 1 版	
印　　次	2021年 11月第 1 次印刷	
书　　号	ISBN 978-7-5225-0481-0	
定　　价	49.80元	